Learning PHP 7 High Performance

高性能PHP 7

[巴基斯坦] Altaf Hussain 著
吕毅 译

電子工業出版社
Publishing House of Electronics Industry
北京•BEIJING

内容简介

本书从 PHP 所需环境讲起，涉及环境搭建与配置设置等内容，能够帮助有一定计算机基础的读者实现 PHP 运行环境的搭建及 PHP 周边软件的安装配置。书中亮点内容是介绍 PHP 7 特性的部分，同时也告诉读者哪些语法将会被废弃，对读者上手 PHP 7 有极大的帮助。除介绍 PHP 7 的新特性外，本书用大量章节介绍如何使用 PHP 7 及周边软件来构造高性能的 Web 应用程序，同时介绍了一些 PHP 开发的最佳实践，帮助读者更好地理解 Web 项目与 PHP 应用程序开发。附录部分为读者介绍了一些不错的工具，讲解了 MVC 与开发框架等周边知识，能够帮助读者更好地开发 PHP 项目。

版权贸易合同登记号图字：01-2016-7234

图书在版编目（CIP）数据

高性能 PHP 7 /（巴基）阿尔塔夫•侯赛因（Altaf Hussain）著；吕毅译．—北京：电子工业出版社，2017.4
书名原文：Learning PHP 7 High Performance

ISBN 978-7-121-30938-0

Ⅰ．①高… Ⅱ．①阿… ②吕… Ⅲ．①PHP 语言－程序设计 Ⅳ．①TP312

中国版本图书馆 CIP 数据核字（2017）第 028919 号

策划编辑：张春雨
责任编辑：徐津平
印　　刷：三河市良远印务有限公司
装　　订：三河市良远印务有限公司
出版发行：电子工业出版社
　　　　　北京市海淀区万寿路 173 信箱　　　邮编：100036
开　　本：787×980　1/16　印张：12.5　字数：245.7 千字
版　　次：2017 年 4 月第 1 版
印　　次：2017 年 4 月第 1 次印刷
定　　价：69.00 元

凡所购买电子工业出版社图书有缺损问题，请向购买书店调换。若书店售缺，请与本社发行部联系，联系及邮购电话：（010）88254888，88258888。

质量投诉请发邮件至 zlts@phei.com.cn，盗版侵权举报请发邮件至 dbqq@phei.com.cn。

本书咨询联系方式：（010）51260888-819，faq@phei.com.cn。

译者序

我从本科二年级开始，就使用PHP开发一些项目，那时PHP 5才刚刚在国内被运用起来。记得那时使用PHP开发项目，由于没有遇到高并发大流量的场景，所以也算得心应手。直到毕业后在新浪平台架构部工作时，因为开发一些平台项目会遇到被多个项目调用的情况，所以PHP性能低下的问题便被突显出来。从那时开始，我在做基本开发工作的同时，也会关注代码质量与运行性能。当时PHP的优化手段更多的是通过优化自身代码来尽量避免糟糕代码的出现。后来在百度工作期间，我们的一个模块在一天内会被请求20亿次（现在也许更高），因为移动业务发展迅猛，流量涨得很快，PHP项目的性能缺陷愈加被放大，所以那时便开始使用一些工具（例如xhprof）去细化问题，在优化代码、调整架构的同时，关注上下游性能、网络开销等PHP项目周边的调整。虽然通过各种努力能够在当时正常承载线上业务，但性能低下问题依然是一个很大的困扰。

在我入职链家网的前后，PHP社区预发布了最新的PHP 7版本。在PHP 7正式发布后，链家网的PHP工程师们考虑到有鸟哥坐镇链家网，于是在第一时间升级了线上PHP 7环境，在不用做太多框架和代码调整的情况下，大幅降低了整体的线上机器负载。PHP 7版本在性能方面的调整，让传统PHP Web项目能够轻松获得整体的性能提升。记得鸟哥分享过不少能够实现负载减轻一半以上的公司案例，相信随着越来越多的公司、用户使用PHP 7，这样的案例会越来越多。随着PHP开发人员的不断努力，PHP工程师会更专注业务场景而不必再多操心性能问题。

本次与博文视点合作，我们有着共同的目标——将PHP 7的新特性、运用方法更快地传递给中国的PHP工程师们。因此特在博文视点张春雨先生的邀请下，决定尽快用工作之余的时间将本书翻译完成并推广上市。由于我的个人精力实在有限，因此邀请了链家网同事祁冰、左晓杰与我一同翻译此书，本书的第4、5、6章由祁冰翻译，第7章及附录由左晓杰翻译，其余部分由我翻译。若是让读者在阅读时感到口吻不一致，还望包涵。

本书作者在 PHP 7 发布的第一时间撰写了此书，内容包括环境搭建、软件安装、PHP 7 新特性、PHP 与数据优化、性能测试等多个方面，并且也提到了 PHP 最佳实践，以及一些工具、框架的使用，非常适合有一定 PHP 基础的工程师们阅读。即便你不是 PHP 工程师，只要有一定的计算机基础，相信你也能够通过认真阅读此书并加以实践来掌握 PHP 开发与优化技术，获得 PHP 7 相关的技术理解。全书通俗易懂且图文并茂，实践案例丰富，相信一定能够吸引读者阅读。同时，本书目标清晰，全书都在围绕如何使用 PHP 及周边技术来优化性能、缩短用户等待时间这一主题。如果你的业务场景对程序性能、等待时间有一定要求，那么千万不要错过此书。

再次感谢祁冰、左晓杰在本书翻译过程中付出的努力！因为我们一同充任链家网的技术支撑角色，非常了解彼此的甘苦。链家网发展迅速，技术需求不断，大家日常工作量都很饱和，基本都是深夜或假期时抽空翻译，这份对技术分享的热情实属难得！同时，我必须感谢我的家人给予的支持、鼓励，特别感谢我的爱人，因为她的更多承担才让我有时间和精力完成此事。当然，如原著作者所说，我们都应该感谢 PHP 社区开发人员做出的努力，他们为 PHP 工程师们提供了更好的开发语言，在解决了我们痛点的同时还为未来提供了更多的可能！谢谢！

吕毅　链家网平台架构师

关于作者

Altaf Hussain 是一位在 PHP 领域具有 6 年以上经验的全栈工程师及移动应用开发者，他在巴基斯坦获得电气工程学士学位，其间专攻计算机和通信，兼具电气工程师的理论知识与软件工程师的内涵。

Altaf 曾在团队中担任系统工程师，使用汇编语言与 C 语言为测试机器人开发系统控制软件，之后他对 Web 技术非常感兴趣，并自此投身 Web 领域。Altaf 曾在工作中使用过许多 PHP 框架，例如 Zend、Laravel、Yii，同时他也使用过不少开源项目，例如 Drupal、WordPress、PrestaShop 和 Magento。Altaf 自主设计并实现了两套 CMS 系统，实现了多语言支持、全线控制、翻译能力以及不同种类的多语言内容管理。现如今，Altaf 是一家时尚企业 shy7lo.com 的技术主管，工作职责是管理公司内部与国外的研发团队，进而落实 Magento 和 Laravel 应用程序的开发与部署工作。除了 Web 应用程序外，Altaf 还开发过 iOS、Android 应用程序，例如在 Lumen 构建 API。Altaf 是面向服务架构（SOA）的狂热爱好者，并成功地在多个项目中使用它。

Altaf 非常关注 Web 性能，并在高速发展与可扩展的生产环境中运用了最新的技术，如 PHP 7、Nginx、Redis、Varnish 等。他是 Debian 系统的爱好者，并已将其应用于所有 Web 应用程序的运行环境中。

工作之余，Altaf 喜欢写写文章，他的文章大多发表于 `programmingtunes.com` 和 `techyocean.com` 上。与此同时，Altaf 已经撰写了几本由 Packt 出版的书，包括 *Learning Phalcon PHP*、*Mastering jQuery Mobile*、*PrestaShop Module Development*。

致谢

我要感谢我的父母、妻子和儿子 Haashir Khan，他们在这本书的创作过程中以及我的整个职业生涯中都给了我很大帮助。没有他们的帮助和支持，这本书不可能完成。我还要感谢 PHP 社区打造的这一神器，使 Web 开发人员的工作和生活变得更美好。

关于审校者

Raul Mesa Ros 自 2006 年以来便一直从事与 Web 开发相关的工作，他之前做 Java 相关工作，后来转投 PHP 领域，并获得了一些资格认证，例如 Zend 官方授予的 ZCE、ZFC。在积累了几个大流量的 Web 项目开发经验后，Raul 现在对 DevOps 的理念很感兴趣。

Raul 目前是 `EuroMillions.com` 的高级 Web 开发工程师，使用 DevOps 和 PHP 技术，同时作为负责人还带领着多个中小型项目。

Raul 的 Twitter 是`@rmrbest`。

我要感谢我的妻子 Noemi 和我的女儿 Valeria，感谢她们的支持和对我的爱，同时也感谢我的父亲在 1992 年为我买了我的第一台电脑。

目录

序言

近些年来，PHP 社区始终面临一个巨大问题：性能。在性能问题上，无论使用多么强悍的机器，PHP 都会存在一定的瓶颈。在 PHP 5.4、PHP 5.5、PHP 5.6 版本中，性能开始有所提升，但在高并发的场景下 PHP 依然会暴露出性能低下的问题。PHP 社区开发了一些像 **Alternative PHP Cache**（**APC**）、Zend OpCache 这样的缓存工具，希望借此缓存 opcode 以达到更高性能，这个做法的确在一些场景下起到了作用。

为了解决 PHP 的性能问题，Facebook 开发并开源了他们的内部项目 **HipHop Virtual Machine**（**HHVM**）。如 HHVM 官网介绍，它通过使用即时编译（JIT）在保持了灵活开发的同时显著提升了 PHP 性能。HHVM 相比于 PHP 有很大的性能提升，从而被广泛应用到如 Magento 这样的生产环境中。

PHP 曾希望通过 **PHP Next Generation**（**PHPNG**）来与 HHVM 抗衡，PHPNG 项目主要通过重写和优化 Zend 引擎内存管理以及 PHP 数据格式来提升性能，这也成为 PHPNG 的核心目标。全球的工程师都开始积极对比 PHPNG 与 HHVM，并且结果表明，PHPNG 性能优于 HHVM。

最后，在 PHP 主干中融入了 PHPNG 以及一系列的优化与重写后，PHP 7 正式发布并带来了重大的性能提升。PHP 7 依然没有采用 JIT 方案，但其性能绝佳，与使用 JIT 技术的 HHVM 差异很小。这个版本从性能上相对于从前的历史版本具有非常大的进步。

本书内容

第 1 章，搭建环境。介绍如何搭建不同的开发环境，其中包括 Nginx、PHP 7、运行在 Windows 上的 Percona Server、多种的 Linux 发行版，以及安装 Vagrant 虚拟机。

第 2 章，PHP 7 的新特性。介绍众多 PHP 7 中引入的新特性，例如类型提示、使用 use 集体声明、匿名类、统一的变量语法、新的操作符。新的操作符有组合比较符、Null 合并运算符等。

第 3 章，PHP 7 应用性能提升。介绍如何用不同的技术提升和扩展 PHP 7 应用的性能。在这章，我们采用合并与精简内容、全页缓存、安装并配置 Varnish 等手段来优化 Nginx 和 Apache、CDN、CSS、JavaScript。最后，介绍了一个巧妙的方法构建应用开发环境。

第 4 章，提升数据库性能。内容包括如何优化 MySQL 性能以及如何配置出高性能的 Percona Server，同时也会介绍多种用来监控数据库性能的工具。数据库部分的内容包含了如何优化 Memcached 与 Redis 缓存数据。

第 5 章，调试和分析。介绍如何定位与分析性能问题，包括如何使用 Xdebug、Sublime Text3、Eclipse、PHP DebugBar 定位性能问题并分析性能数据。

第 6 章，PHP 应用的压力/负载测试。介绍如何使用不同工具进行压力、负载测试。其中包括 Apache JMeter、ApacheBench 和 Siege 测试负载情况，并会以一些开源 PHP 项目（Magento、Drupal、Wordpress）为例，分别在 PHP 7 与 PHP 5.6 的环境中进行负载测试并加以对比。

第 7 章，PHP 编程最佳实践。介绍一个生产高质量编码的最佳实践案例。包含了编码规范、设计模式、面向服务架构、测试驱动开发、Git 和部署等。

附录 A，提升开发效率的工具。介绍 Composer、Git 和 Grunt watch 这三个工具的更多细节。

附录 B，MVC 和框架。介绍 MVC 设计模式与一些最为流行的 PHP 开发框架，例如 Laravel、Lumen、Apigility。

阅读准备

本书将涉及下面这些软件，你需要有一台能够兼容它们最新版本的设备。

- 操作系统：Debian 或 Ubuntu。
- 软件：Nginx、PHP 7、MySQL、PerconaDB、Redis、Memcached、Xdebug、Apache JMeter、ApacheBench、Siege 和 Git。

目标读者

本书适合具有一定 PHP 编程基础的人。如果你更加关注应用性能，那么这本书将非常适合你！

排版约定

在本书中，根据内容的不同将采用各种不同的文字风格。下面举例介绍它们的样式与含义。

文本代码、数据库表名、文件夹名、文件名、文件后缀、路径名、伪 URL 地址、用户输入以及 Twitter 路径，会以下列方式展示给读者："我们可以通过 `include` 关键字来表示包含其他的内容。"

代码块将会以如下形式显示。

```
location ~ \.php$ {
  fastcgi_pass   127.0.0.1:9000;
  fastcgi_param   SCRIPT_FILENAME complete_path_webroot_
    folder$fastcgi_script_name;
  include   fastcgi_params;
}
```

当需要读者注意代码中的某些部分时，对应的关键信息将加粗表示。

```
server {
  ...
  ...
  root html;
  index index.php index.html index.htm;
  ...
```

所有命令行的输入与输出都会显示如下。

```
php-cgi -b 127.0.0.1:9000
```

新术语和重点词会加粗显示。例如菜单栏和对话框中的文本，会以下面的形式显示："点击 Next 按钮进入下一个窗口。"

警告或重要信息将会出现在这样的方框里。

提示或技巧会以这样的方式显示。

读者反馈

读者反馈是非常珍贵的内容，我们一直关注并且欢迎。请让我们知道你是否喜欢本书，我们期望得到反馈，你的反馈能够促使我们进步。

反馈方式：向 faq@phei.com.cn 发送邮件，注明书名与你的反馈内容。

如果你在某个领域有一定的经验并对写书感兴趣，那么请关注我们官网上的作者指南 http://www.broadview.com.cn/support/4。

代码下载

你可以下载所有已购买的博文视点书籍的相关资源，链接为 http://www.broadview.com.cn/30938。

勘误提交

虽然我们已经很谨慎地来保证书籍内容的准确性，但错误仍然可能存在。如果你在某本书中发现错误——无论是正文还是代码中的错误——请告诉我们，我们都将不胜感激。这样，你不仅帮助了其他读者，也帮助我们改进了后续版本。如果发现任何勘误，可以在博文视点网站相应图书的页面提交勘误信息。一旦你找到的错误被证实，提交的信息就会被接受，我们的网站上也会发布这些勘误信息。你可以随时浏览图书页面，查看已发布的勘误信息。

1 搭建环境

PHP 7 已经正式发布，在之前的很长一段时间里，PHP 社区都在讨论它。促使 PHP 7 诞生的主要因素是“性能”，因为在过去的时间里，PHP 社区都不得不一直面对其在大规模应用场景下的性能低下问题，即使是小型应用程序在面对大流量场景时，这个问题也会突显。尽管服务器资源在不断增长，但它对上述场景的帮助并不大，因为性能问题的瓶颈在于 PHP 语言自身。在这期间出现了很多种缓存技术方案，例如 APC 缓存等，但它们只是治标不治本。所以，PHP 社区迫切需要一款能够显著提升 PHP 应用性能的新版本，此时，PHPNG 项目便随之而来。

PHPNG 全称为 PHP Next Generation，它是 PHP 的一个全新分支，主要的目标是提升应用性能。一些人认为 PHPNG 属于即时编译（Just In Time，JIT），但实际上，它是基于 Zend Engine 的一次重构，以针对性能问题进行专项优化。PHPNG 是 PHP 7 项目的基础，通过 PHP 官网的 wiki 可以看到 PHPNG 项目已经被并入 PHP 7 的开发主干。

在开发 PHP 应用之前，开发环境应当提前准备好。这一节中，我们会专注介绍如何在不同的操作系统上搭建开发环境，例如在 Windows 上和一些不同发行版的 Linux 上。

本章将介绍以下几点：

- 搭建 Windows 环境
- 搭建 Ubuntu 或 Debina 环境
- 搭建 CentOS 环境

- 搭建 Vagrant

其他没有提到的操作系统就不在这里展开了，我们只讲解本书中涉及的系统，它已基本覆盖了行业内大部分的系统。

搭建 Windows 环境

在 Windows 系统中已经有很多 PHP 集成环境工具，这些工具打包了 Apache、PHP、MySQL 等 PHP 开发常用的软件，使得这些集成安装与使用都非常简单。这些工具大部分采用 Apache 搭配 PHP 7 作为 WebServer，这样的集成环境有 XAMPP、WAMPP、EasyPHP。其中只有 EasyPHP 同样也可以采用 Nginx 搭配 PHP 7 使用的方式作为 Webserver，并且支持 Webserver 在 Nginx、Apache 之间轻松切换。

XAMPP 软件还可以运行在 Linux 与 MacOS 上。而 WAMP 与 EasyPHP 只能运行在 Windows 环境中。这三个中的每个都适用于本书，但是相比之下更推荐支持 Nginx 的 EasyPHP。关于 WebServer 软件，本书推荐使用 Nginx。

读者可以自行选择这三个集成环境工具中的任何一个，但是我们应当更深入掌握 WebServer 的每一个细节，所以我们独立安装 Nginx、PHP 7、MySQL，并且设置好它们之间的连接，手动将它们配置到一起。

Nginx 的 Windows 版本可以从 `http://nginx.org/en/download.html` 下载。虽然用其他主线版本没有什么问题，但更推荐使用稳定版本。PHP 的 Windows 版本可以从 `http://windows.php.net/download/` 下载，下载与系统匹配的 32 位或 64 位的非线程安全版本。

操作步骤

1. 根据上面提示框内的信息下载 Nginx、PHP 的二进制程序，复制 Nginx 到一个自定义目录。假如我们计划着用系统中的D盘作为开发目录，那么便复制Nginx到这个开发目录或者其他自定义的目录下，之后再将PHP复制到Nginx目录下，或者找一个固定的目录用于存放PHP程序。

2. 在PHP文件夹下，你会发现有两个.ini文件，分别是php.ini-development与php.ini-production。选择其中之一并改名为php.ini，之后PHP会以这个文件作为配置文件。

3. 按住*Shift*键并用鼠标右击PHP目录，打开命令行窗口。新打开的命令行窗口所在的目录路径应该与当前的路径相同，执行以下命令启动PHP。

```
php-cgi -b 127.0.0.1:9000
```

参数-b用于告诉PHP我们希望启动FastCGI服务。执行上述命令将会绑定PHP到127.0.0.1这个IP地址的9000端口上。至此，PHP便运行起来了。

4. 配置Nginx。打开nginx_folder/conf/nginx.conf文件，首先在配置文件的服务器配置信息中添加根目录和默认首页文件，具体如下。

```
server {
  root html;
  index index.php index.html index.htm;
```

5. 现在配置Nginx，让它在启动时通过FastCGI模式与PHP通信。在nginx.conf配置中，去掉下面这块配置的注释即可启用。

```
location ~ \.php$ {
  fastcgi_pass    127.0.0.1:9000;
  fastcgi_param SCRIPT_FILENAME complete_path_webroot_folder$fastcgi
_script_name;
include fastcgi_params;
}
```

注意，fastcgi_param配置中加粗部分的complete_path_webroot_folder路径的默认值是nginx目录中的一个HTML目录。假设Nginx安装到了D:\nginx目录下，那么，这个HTML目录则对应着D:\nginx\html。另外，fastcgi_param配置中的符号“\”需要用符号“/”加以替换。

6. 在 Nginx 目录下，通过以下命令重启 Nginx。

```
nginx -s restart
```

7. Nginx 重启之后，打开浏览器，输入 Windows 服务器、设备的 IP 地址或主机名，就可以看到 Nginx 欢迎页面。

8. 现在，验证 PHP 的安装情况以及它与 Nginx 的工作情况，在 webroot 目录下创建一个 info.php 文件，并且编辑下列代码。

```
<?php
  phpinfo();
?>
```

9. 最后，通过浏览器访问 http://你的 ip/info.php，我们将会看到 PHP 信息与服务器信息页面。至此我们已经完美搭建好 Nginx 与 PHP 环境并开始运行。

在 Windows 与 Mac OS X 系统上，我们推荐安装一个 Linux 虚拟机，并在 Linux 环境里安装这些软件以获得更好的性能。同时，在 Linux 中一切都很容易管理。目前有很多的 Vagrant 镜像可以拿来即用，例如 Nginx、Apache、PHP 7、Ubuntu、Debian、CentOS 以及其他的一些优秀软件，都可以在 https://puphpet.com 的精简界面上找到。Vagrant box 的另一个非常好的工具是 Laravel Homestead。

搭建 Debian 或 Ubuntu 环境

Ubuntu 系统源自于 Debian 系统，所以这一节介绍的内容在 Ubuntu 与 Debian 上是通用的。我们会用到 Debian 8 Jessie 与 Ubuntu 14.04 服务器长久支持版本，所有操作流程在 Desktop 桌面版本同样适用。

首先，在 Debian 与 Ubuntu 系统中添加 Repo 源。

Debian

在写这本书时，Debian 还没有提供官方的 PHP 7 Repo 源。所以，在 Debian 系统上，我们将用 `dotdeb` 的 Repo 源来安装 Nginx 与 PHP 7，步骤如下。

1. 打开并编辑文件`/etc/apt/sources.list`，在文件的最后添加如下两行。

```
deb http://packages.dotdeb.org jessie all
deb-src http://packages.dotdeb.org jessie all
```

2. 在系统的终端中执行下列命令行。

```
wget https://www.dotdeb.org/dotdeb.gpg
sudo apt-key add dotdeb.gpg
sudo apt-get update
```

第一步的作用是将 `dotdeb` 的 Repo 源添加到 Debian 的源列表中，第二步中的命令会刷新并缓存源数据到本机。

Ubuntu

与 Debian 情况相似，在写此书时，Ubuntu 也没有提供官方的 PHP 7 Repo 源，所以，我们依然使用第三方的 Repo 源来安装 PHP 7，步骤如下。

1. 在终端中执行下列两行命令。

```
sudo add-apt-repository ppa:ondrej/php
sudo apt-get update
```

2. Repo 源已经添加好，我们可以开始安装 Nginx 与 PHP 7 了。

其余的操作在 Debian 与 Ubuntu 系统中几乎是一样的，因此下面的内容就不再像添加 Repo 源那样分开讲解了。

3. 安装 Nginx，在终端中执行下列命令（Debian 与 Ubuntu）。

```
sudo apt-get install nginx
```

4. 安装成功后，可以通过浏览器输入本机主机名或 IP 来确认是否安装成功。如果你看到下图所示页面，那么证明 Nginx 已经安装成功。

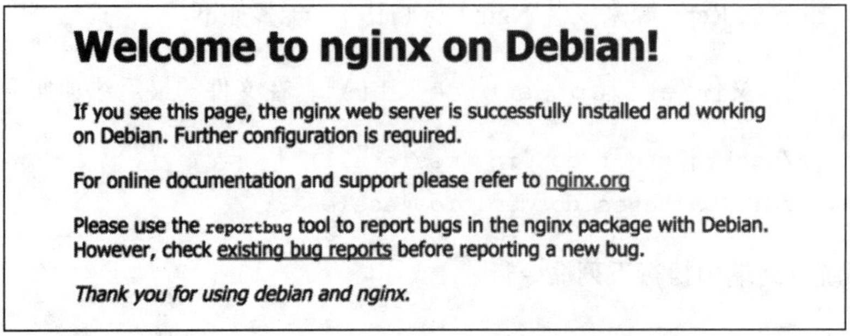

Welcome to nginx on Debian!

If you see this page, the nginx web server is successfully installed and working on Debian. Further configuration is required.

For online documentation and support please refer to nginx.org

Please use the `reportbug` tool to report bugs in the nginx package with Debian. However, check existing bug reports before reporting a new bug.

Thank you for using debian and nginx.

这里提供三条非常有用的 Nginx 命令。

— `service nginx start`：启动 Nginx 服务器。
— `service nginx restart`：重启 Nginx 服务器。
— `service nginx stop`：停止 Nginx 服务器。

5. 通过下面的命令安装 PHP 7。

```
sudo apt-get install php7.0 php7.0-fpm php7.0-mysql php7.0-mcrypt php7.0-cli
```

这条命令会安装 PHP 7 与一些常用的模块，例如 PHP Cli 命令行模块。验证 PHP 7 是否安装成功，可以在终端中输入如下命令。

```
php -v
```

6. 如果输入上述命令后，终端中显示如下的 PHP 版本信息，则证明你已成功安装了 PHP 7。

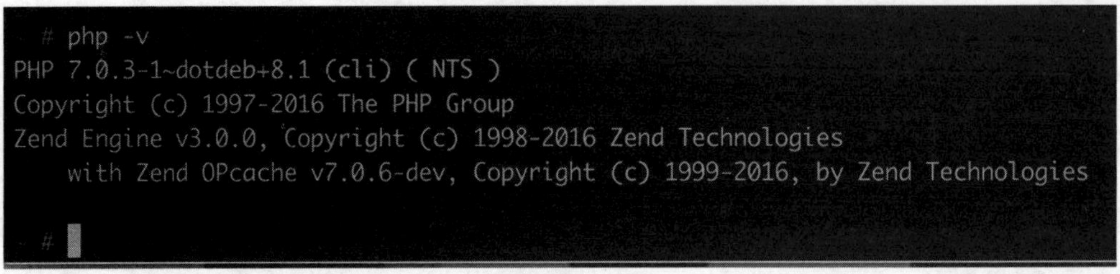

```
# php -v
PHP 7.0.3-1~dotdeb+8.1 (cli) ( NTS )
Copyright (c) 1997-2016 The PHP Group
Zend Engine v3.0.0, Copyright (c) 1998-2016 Zend Technologies
    with Zend OPcache v7.0.6-dev, Copyright (c) 1999-2016, by Zend Technologies

#
```

7. 至此，我们需要配置 Nginx 与 PHP 7。首先拷贝 Nginx 的默认配置/etc/nginx/sites-available/default 到/etc/nginx/sites-available/www.packt.com.conf 中，可通过如下命令实现。

```
cd /etc/nginx/sites-available
sudo cp default www.packt.com.conf
sudo ln -s /etc/nginx/sites-available/www.packt.com.conf /etc/nginx/sites-enabled/www.packt.com.conf
```

拷贝默认的配置文件，并且创建一个新的虚拟主机配置文件 www.packt.com.conf，同时创建软链接到 sites-enabled 目录。

将虚拟主机所使用的域名作为配置文件的文件名前缀，这种做法可以让其他人很容易明白配置的作用，是非常提倡的。

8. 打开并编辑/etc/nginx/sites-available/www.packt.com.conf 文件，编辑下面加粗部分的内容。

```
server {
  server_name your_ip:80;
  root /var/www/html;
  index index.php index.html index.htm;
  location ~ \.php$ {
    fastcgi_pass unix:/var/run/php/php7.0-fpm.sock;
      fastcgi_index index.php;
      include fastcgi_params;
  }
}
```

预置的配置文件内容是不完善的，我们选择性地保留必须的配置内容，并且加以改动。

在预置的配置信息中，webroot 根目录是/var/www/html，这意味着 PHP 代码和其他的一些所需文件都要放到这个目录下。在 index 配置项添加 index.php，Nginx 会在未获得文档路径时默认使用 index.php 文件。

我们为 PHP 添加 location 区块内容时包含了 PHP 的一些配置，例如 `fastcgi_pass` 选项，它确定了 PHP 7 FPM 的 socket 路径。在这个案例中，我们使用 Unix socket 来让 Nginx 与 PHP 通信，效率比 TCP/IP 要高很多。

9. 做了这些修改后，重启 Nginx 服务。此时通过在 `webroot` 下创建 `info.php` 文件，并且编辑如下代码内容，来验证 PHP 与 Nginx 配置是否正确。

```
<?php
  phpinfo();
 ?>
```

10. 现在通过浏览器访问 `http://你的服务器 IP/info.php`，若能看到 PHP 的配置信息页面，则说明配置成功！PHP 与 Nginx 都已经配置完毕。

如果 Nginx 与 PHP 运行在一个系统中，PHP 监听回环 IP 在端口 `9000` 上，则这个端口可以修改为其他任意端口。我们如果希望通过 TCP/IP 端口运行 PHP，请修改 `fastcgi_pass` 配置，例如键入 `127.0.0.1:9000` 作为该项配置。

现在开始安装 **Percona Server**。Percona Server 基于 MySQL 而产生，并且在 MySQL 基础上进行了性能优化。我们会在第三章详细介绍 Percona Server。现在先来在 Debian/Ubuntu 上安装 Percona Server，步骤如下。

1. 在系统终端中敲击如下命令来添加 Percona Server 的 Repo 源。

```
sudo wget https://repo.percona.com/apt/percona-release_0.1-3.$(lsb_
release -sc)_all.deb
sudo dpkg -i percona-release_0.1-3.$(lsb_release -sc)_all.deb
```

第一行命令是将 Repo 包从 Percona 的 Repo 源中下载下来；第二行命令则是下载安装这个 Repo 包到`/etc/apt/sources.list.d/percona-release.list` 中。

2. 执行如下命令来安装 Percona Server。

```
sudo apt-get install percona-server-5.5
```

输入命令按回车后，安装进程将开始运行，其间会花些时间下载一些依赖文件。

虽然 Percona Server 5.6 已经完全可用，但在本书中，我们使用 Percona Server 5.5。

安装期间，会有如下图所示的界面弹出，提示我们设置 Percona Server 的 ROOT 密码。

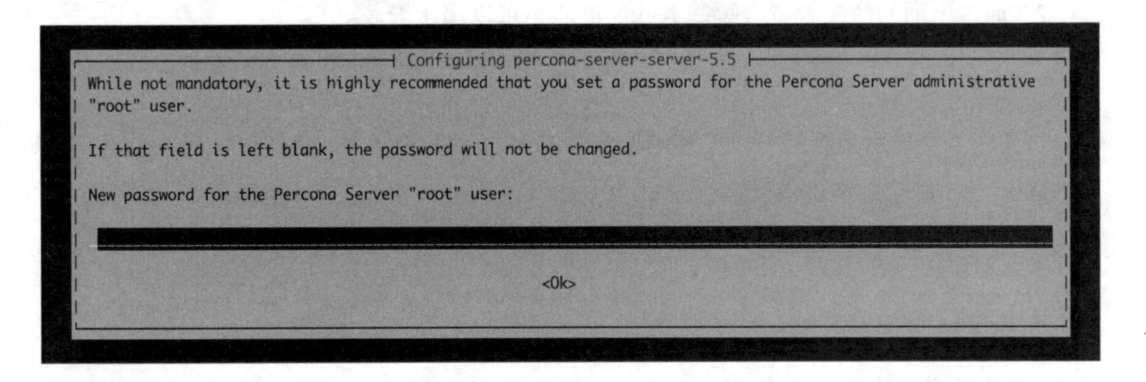

虽然这是一项可选设置，但依然建议大家进行设置。在输入密码与确认密码后，安装进程将继续进行。

3. 安装结束后，可以通过如下命令验证是否安装成功。

```
mysql –version
```

终端中会显示 Percona Server 的版本信息。前面说过，Percona Server 是 MySQL 的一个分支，因此所有的 MySQL 命令、查询语句、设置都可以在 Percona Server 上继续使用。

搭建 CentOS 环境

CentOS 是 **RedHat 企业版**（**RHEL**）的一个分支，同时也是企业操作系统的代表。服务器系统采用 CentOS 是很普遍的，特别是基于 CentOS 搭建共享主机。

接下来我们一步步配置 CentOS 系统中的开发环境。

安装 Nginx

1. 因为 CentOS 默认是不提供 Nginx 的 Repo 信息的，所以我们需要手动添加 Nginx RPM 后才可以安装。首先执行如下命令，添加 Nginx Repo 到 CentOS 系统中。

```
sudo rpm -Uvh
http://nginx.org/packages/centos/7/noarch/RPMS/nginx-release- centos-
7-0.el7.ngx.noarch.rpm
```

2. 通过下面的命令看看有哪些 Nginx 的版本可以用于安装。

```
sudo yum --showduplicates list Nginx
```

这条命令会显示最新的可供安装的稳定版本 Nginx 信息，在本书写作时，有 Nginx 1.8.0 与 Nginx 1.8.1 两个版本可供安装。

3. 执行如下命令安装 Nginx。

```
sudo yum install Nginx
```

Nginx 的安装就这样开始了！

4. 在 CentOS 系统中，Nginx 安装结束后不会自动启动，所以，安装后的第一步是将 Nginx 设置为随系统启动，可通过如下命令实现。

```
systemctl enable Nginx.service
```

5. 启动 Nginx。

```
systemctl start Nginx.service
```

6. 启动 Nginx 之后，与介绍 Debian 的章节相似，可以通过浏览器输入本机名或 IP 进行访问，看看是否能出现 Nginx 欢迎页面。如果显示 Nginx 欢迎页面，说明 Nginx 安装成功。

通过如下命令，我们可以检查安装了哪一个版本的 Nginx。

```
Nginx -v
```

在服务器上，我们安装了 Nginx 1.8.1 版本。

至此便将 Web Server 安装完毕了。

安装 PHP 7

1. 在这一环节中，我们需要安装 PHP 7 FPM，并且通过配置实现 Nginx 与 PHP 7 搭配工作。在本书写作时，CentOS 还没有提供官方的 Repo 信息，所以，我们有两种安装 PHP 7 的方法：一是通过 PHP 7 源码编译安装；二是使用第三方 Repo 源进行安装。通过源码安装稍微有些烦琐，所以此处我们通过第三方 Repo 源来安装。

本书会采用更新及时的 Webtatic 提供的 Repo 源来快捷安装 PHP 7。当然还有很多其他的 Repo 源可以用于安装，读者可以自行选择。

2. 添加 Webtatic 的 Repo 源到 CentOS Repo 列表中，通过下面的命令可以完成。

```
rpm -Uvh https://dl.fedoraproject.org/pub/epel/epel-release- latest-7.
noarch.rpm
rpm -Uvh https://mirror.webtatic.com/yum/el7/webtatic-release.rpm
```

3. 成功添加 Repo 源后，执行下面命令可以查看哪些版本可以安装。

```
sudo yum -showduplicates list php70w
```

在本书写作的时候，PHP 7.0.3 是可安装的最新版本。

4. 通过执行下面的命令来安装 PHP 7，以及一些它需要的相关依赖模块。

```
sudo yum install php70w php70w-common php70w-cli php70w-fpm php70w-mysql
php70w-opcache php70w-mcrypt
```

5. 通过一种很简单的方式安装 PHP 7 的核心代码与它周边的一些必要模块。首先看看目前有哪些可用，执行下面的命令可以看到一个很长的列表，列出了 PHP 7 支持的所有模块。

```
sudo yum search php70w-
```

6. 以 PHP 7 需要用到的 gd 模块为例，gd 可通过如下命令进行安装。

```
sudo yum install php70w-gd
```

如果想一次性安装很多模块也是可以的，用空格将模块名隔开，同样的命令就可以批量安装 PHP 7 需要的模块了。

现在通过下面的命令来检测一下已经安装好的 PHP 版本。

```
php -v
```

执行上述命令，显示我们安装了 PHP 7.0.3 版本。

7. 关于 PHP 的启动、停止、重启，可通过下面的命令实现。

```
sudo systemctl start php-fpm
sudo systemctl restart php-fpm
sudo systemctl stop php-fpm
```

8. 通过 Nginx 与 PHP-FPM 让它们工作起来吧。首先编辑 Nginx 的虚拟主机配置文件，文件位于`/etc/nginx/conf.d/default.conf`，可以通过 `vi`、`nano` 或是其他你熟悉的编辑器打开。编辑时，确保下面的两项配置被设置在 server 区块中。

```
server{
    listen 80;
    server_name localhost;
    root /usr/share/nginx/html;
index index.php index.html index.htm;
```

9. 为 PHP 配置 Nginx 的 location 区块内容。

```
location ~ \.php$ {
    try_files $uri =404;
    fastcgi_split_path_info ^(.+\.php)(/.+)$;
    fastcgi_pass 127.0.0.1:9000;
    fastcgi_index index.php;
    fastcgi_param SCRIPT_FILENAME
      $document_root$fastcgi_script_name;
```

```
        include fastcgi_params;
    }
```

此处设置用于开启 Nginx 与 PHP 之间的连接，因此非常重要。譬如 fastcgi_pass 127.0.0.1:9000 用于高速 Nginx 服务器，PHP-FPM 运行在 127.0.0.1 这个 IP 机器上的 9000 端口上，这里的配置与之前提到的 Debian、Ubuntu 的配置相似。

10. 至此，我们可以写一些代码来验证安装情况。创建一个 info.php 文件，内容如下。

```
<?php
  phpinfo();
?>
```

保存文件后，访问 http://你的服务器 IP/info.php 或者 http://你的服务器机器名/info.php，如果看到 Nginx 的欢迎页面，说明 PHP 与 Nginx 安装成功了。

安装 Percona Server

1. 在 CentOS 上安装 Percona Server 的方式与上文中描述的流程类似，区别在于此处需要特殊设置一下 Repo 源。通过下面的命令添加 Percona Server 在 CentOS 上的 Repo 源。

```
sudo yum install http://www.percona.com/downloads/percona-release/
redhat/0.1-3/percona-release-0.1-3.noarch.rpm
```

Repo 源安装完成后，会看到一行提示完成的信息。

2. 通过下面的命令检查 Repo 源，执行后会列出所有存在的 Percona 包信息。

```
sudo yum search persona
```

3. 通过下面的命令安装 Percona Server 5.5。

```
sudo yum install Percona-Server-server-55
```

执行命令后安装流程就会运行起来，其间也会出现 Debian、Ubuntu 中提到的设置界面，操作方法相似，这里不再赘述。

4. 安装进程执行完以后，我们能够看到安装完成的信息。

搭建 Vagrant 环境

Vagrant 是为开发者搭建开发环境提供的工具。Vagrant 提供了简单易用的命令行界面，用于安装虚拟机，并且这些虚拟机中包含我们需要的全部工具。Vagrant 使用一种名为 Vagrant Boxes 的载体，里面有 Linux 操作系统与常用的一些开发工具。Vagrant 支持 Oracle VM VirtualBox 与 VMware。在本书中，我们使用 VirtualBox 来进行实践。

Vagrant 有一些 PHP 7 的载体，包括 Laravel Homestead 与 Rasmus PHP7dev。接下来我们介绍如何在 Windows、Mac OS X 系统上配置并运行 Rasmus PHP7dev 载体。

> 我们在设备上会用到 VirtualBox 和 Vagrant。VirtualBox 可以从 `https://www.virtualbox.org/wiki/Downloads` 中下载，Vagrant 可以从 `https://www.vagrantup.com/ downloads.Html` 中下载，请选择适合自己操作系统的版本。关于 Rasmus PHP 7dev 的 VagrantBox 介绍可以在 github 上查看，网址是 `https://github.com/rlerdorf/php7dev`。

执行下面的步骤。

1. 创建一个目录，例如我们在 `D` 盘上创建了一个 `PHP7` 目录。然后进入这个目录的命令行模式，操作方式是按住 *Shift* 键和鼠标右键，选择通过命令行打开。

2. 在命令行中执行下面的命令。

```
vagrant box add rasmus/php7dev
```

此时便会开始下载 VagrantBox 并出现如下图所示的界面。

vagrant box add rasmus/php7dev

```
D:\php7>vagrant box add rasmus/php7dev
==> box: Loading metadata for box 'rasmus/php7dev'
    box: URL: https://atlas.hashicorp.com/rasmus/php7dev
==> box: Adding box 'rasmus/php7dev' (v0.1.0) for provider: virtualbox
    box: Downloading: https://atlas.hashicorp.com/rasmus/boxes/php7dev/versions/0.1.0/providers/virtualbox.box
    box: Progress: 1% (Rate: 511k/s, Estimated time remaining: 1:50:28)))
```

3. 下载完毕后，我们需要初始化并配置它，同时将它添加到 VirtualBox 中。可以通过下面的命令实现。

```
vagrant init rasmus/php7dev
```

这条命令将会添加载体到 VirtualBox 中并开始配置，当执行完毕后，将显示如下图所示的界面。

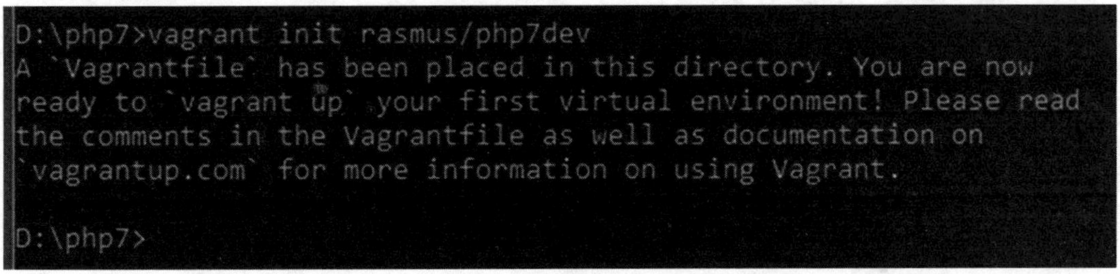

```
D:\php7>vagrant init rasmus/php7dev
A `Vagrantfile` has been placed in this directory. You are now
ready to `vagrant up` your first virtual environment! Please read
the comments in the Vagrantfile as well as documentation on
`vagrantup.com` for more information on using Vagrant.

D:\php7>
```

4. 下面的命令可以完整地安装并启动 VagrantBox。

```
vagrant up
```

这条命令的执行需要一些时间，当它执行结束，载体就安装完毕并可以运行了。

5. 首要的事情是更新 VagrantBox 里面的全部程序。这个载体运行的系统是 Ubuntu，通过在 `php7dev` 目录下进入命令行并执行如下命令便可以实现。

```
vagrant ssh
```

执行该命令后我们将通过 SSH 登录到虚拟机上。

在 Windows 系统上，如果 SSH 没有安装或没有配置到 PATH 系统环境变量中，PuTTY 软件则可以提供帮助。该软件可以从 http://www.chiark.greenend.org.uk/~sgtatham/putty/download.html 中下载。PuTTY 会启动 127.0.0.1 上的 2222 端口用于 SSH 服务，Vagrant 与 SSH 使用相同的用户名和密码。

6. 当我们登录 VagrantBox 的操作系统时，执行下面的命令可更新所有软件与系统。包括系统内核、Nginx、MySQL、PHP 7，以及这个载体内的其他软件。

```
sudo apt-get update
sudo apt-get upgrade
```

7. 至此，VagrantBox 便可以完全用于日常开发了。你可以通过在浏览器输入 IP 来访问这个 VagrantBox，如果你不知道如何查找 VagrantBox 的 IP，则可以通过 SSH 登录虚拟机后执行下面的命令来完成。

```
sudo ifconfig
```

执行后将显示出很多详细信息，从中找出虚拟机的 IPv4 地址并加以使用。

本章小结

在本章中，我们搭建了开发所需的基本环境。我们在 Windows 设备上安装了 Nginx 与 PHP 7，并且在 Debian、Ubuntu 系统中安装配置了 Nginx、PHP 以及 Percona Server 5.5。之后我们又在 CentOS 中安装了 Nginx、PHP、Percona Server 5.5。最后介绍如何在 Windows 设备上安装配置 Vagrant Box。

在下一章中，我们将学习 PHP 7 的新特性，例如类型声明、命名空间的集体声明、太空船操作符等。

2

PHP 7 新特性

PHP 7 具有很多用于编写高性能、高效代码的新特性，同时也移除了一些历史版本中过时的特性，这些过时的特性如果在 PHP 7 中使用会触发一个 Error 错误。目前大多数的 Fatal 错误都可以异常捕获，所以 PHP 不再显示一些不标准的 Fatal 错误，取而代之的是抛出一个携带着很多可用信息的异常。

在本章中，我们会介绍以下几方面内容：

- 类型声明
- 命名空间的集体声明
- 匿名类
- 老式构造函数的摒弃
- 太空飞船操作符
- null 合并运算符
- uniform 变量语法
- 诸多改动

OOP 特性

PHP 7 提供了一些 OOP 新特性，这些新特性可以让工程师写出更加清晰、有效的代码。在本节中，我们将详细介绍这些新特性。

类型声明

在使用 PHP 7 之前，我们在函数和类之间传递参数时不必声明变量类型。同样地，在返回数据时也不必声明变量类型。任何数据类型都可以被传递、返回。这样便给 PHP 带来一个很大的问题——PHP 不清楚你传递的是什么类型的变量，函数、方法接收到的变量也不知道是什么类型。为了解决这个问题，PHP 7 引入了类型声明，目前明确的有两类变量可以声明类型：形参、返回值。接下来会详细介绍这两方面。

类型声明在 OOP 与 PHP 程序中属于同一个特性，因为它既可以用在程序的函数中，也可以用在对象的方法中。

形参类型声明

PHP 7 将类型声明变成了可能。PHP 7 支持的形参类型声明的类型有整型、浮点型、字符串型、布尔类型，可以用在函数形参及对象的方法形参上。来看看下面的例子。

```
class Person
{
  public function age(int $age)
  {
    return $age;
    }

  public function name(string $name)
  {
    return $name;
    }
  public function isAlive(bool $alive)
  {
    return $alive;
    }
}

$person = new Person();
```

```
echo $person->name('Altaf Hussain');
echo $person->age(30);
echo $person->isAlive(TRUE);
```

在上面的代码中，我们创建了一个 Person 类，里面有三个方法，每个方法接受不同类型的形参且有着类型声明。如果执行上面的代码，它能够正确运行并通过类型检测。

Age 支持浮点数型，例如 30.5。所以，如果传递一个浮点数作为 age 方法的形参，也是可以正常工作的，代码如下。

```
echo $person->age(30.5);
```

默认情况下，形参类型声明不是被完全限制的，这就意味着我们可以传递一个浮点数给期望得到整型数的方法。

当然，也可以做一些限制。代码如下。

```
declare( strict_type=1 );
```

此时我们若再传递一个浮点数给 age 方法的话，便会得到一个 **Uncaught Type Error**，这个 Fatal 错误告诉我们 Person::age 只能接受一个整型数而非浮点型数。在需要字符串形参的情况下，如果你不提供字符串形参的话，也会出现类似的报错。思考一下下面的代码。

```
echo $person->isAlive( 'true' );
```

执行上述代码就会生成刚刚的 Fatal 错误。

返回类型声明

PHP 7 的另一个重要特性就是支持返回类型的声明，无论是在函数还是对象的方法中。这有点类似形参类型声明，我们对刚才的 Person 类稍加修改，代码如下。

```
class Person
{
  public function age(float $age) : string
  {
```

```
    return 'Age is '.$age;
  }

  public function name(string $name) : string
  {
    return $name;
    }
  public function isAlive(bool $alive) : string
  {
    return ($alive) ? 'Yes' : 'No';
  }
}
```

如上面代码所示，返回类型声明使用了 data-type 语法，对于形参类型声明与返回类型声明一样的情况是无影响的。这样就能区分开它们各自的返回数据类型了。

下面，我们用一个对象返回类型来举例。考虑一下之前的 Person 类与此处添加了 getAddress 方法的 Person 类各自的特点。同时，我们在同一个文件中添加了一个新的类 Address，代码如下。

```
class Address
{
  public function getAddress()
  {
    return ['street' => 'Street 1', 'country' => 'Pak'];
  }
}

class Person
{
  public function age(float $age) : string
  {
    return 'Age is '.$age;
  }
```

```
  public function name(string $name) : string
  {
    return $name;
  }

  public function isAlive(bool $alive) : string
  {
    return ($alive) ? 'Yes' : 'No';
  }

  public function getAddress() : Address
  {
    return new Address();
  }
}
```

新增的代码被加粗显示。现在，假设我们调用 Person 类中的 getAddress 方法，它将很好地工作，并不会报错。现在，让我们在 getAddress 方法执行完毕后，返回一个 Address 类型的数据。

```
public function getAddress() : Address
{
  return ['street' => 'Street 1', 'country' => 'Pak'];
}
```

在这个例子中，若使用上述方法会抛出下面这类异常信息。

```
Fatal error: Uncaught TypeError: Return value of Person::getAddress() must
be an instance of Address, array returned
```

这是因为我们在 getAddress 方法中返回了一个数组，而不是方法声明的 Address 类型的返回值。在有返回值声明时，此处仅接受 Address 类型的返回数据。我们思考这样一个问题：为什么要使用类型声明？使用类型声明有一个明显的好处，即它可以让函数、方法的形参与返回值有所预期，避免出现不必要的数据传递，从而造成错误。

通过上面的例子，我们看到 PHP 7 的这个特性使代码更清晰且可读性更强，能够清楚地知道怎样的数据类型将会被传递与返回。

命名空间与 use 关键字批量声明

当代码量规模变大的时候，很多类会放在命名空间下，这样方便维护与管理。然而，当出现一个命名空间下有很多类且我们要一次性使用多个类的情况时，我们也不得不逐个将它们声明在代码的顶部。

在 PHP 中，不必区分命名空间子目录下的类，这与其他编程语言情况相似。命名空间只是为类提供了一种逻辑分割。在此书中，我们不限制将子目录的类存放在命名空间何处。

例如，有 Publishers/Packt 这个命名空间，以及有 Book、Ebook、Video、Presentation 这四个类。同时，有 function.php 文件，用于存放常用的函数，有另一个文件 constants.php，用于存放一些常量信息，它们都处于命名空间 Publishers/Packt 下。所有的类与 functions.php、constants.php 文件的代码如下。

```
//book.php
namespace Publishers\Packt;

class Book
{
  public function get() : string
  {
    return get_class();
  }
}
```

Ebook 类的代码如下。

```
//ebook.php
namespace Publishers\Packt;
```

```
class Ebook
{
  public function get() : string
  {
    return get_class();
  }
}
```

Video 类的代码如下。

```
//presentation.php
namespace Publishers\Packt;

class Video
{
  public function get() : string
  {
    return get_class();
  }
}
```

同样地，presentation 类的代码如下。

```
//presentation.php
namespace Publishers\Packt;

class Presentation
{
  public function get() : string
  {
    return get_class();
  }
}
```

从上面的代码中可以看出，四个类都具有同样的方法，就是将类名通过 PHP 内置函数 get_class()返回。

现在，将下面两个函数添加到 functions.php 文件中。

```
//functions.php

namespace Publishers\Packt;

function getBook() : string
{
  return 'PHP 7';
}
function saveBook(string $book) : string
{
  return $book.' is saved';
}
```

接下来，我们看一下 contants.php 的代码。

```
//constants.php

namespace Publishers/Packt;

const COUNT = 10;
const KEY = '123DGHtiop09847';
const URL = 'https://www.Packtpub.com/';
```

functions.php 与 constants.php 中的代码都非常简单易懂，注意开头声明所属的命名空间 Publishers/Packt，类、函数、常量都会位于这个命名空间下。

有几种使用这些类、函数、常量的方法，我们逐个介绍。代码如下。

```
//Instantiate objects for each class in namespace

$book = new Publishers\Packt\Book();
$ebook = new Publishers\Packt\Ebook();
$video = new Publishers\Packt\Video();
$presentation = new Publishers\Packt\Presentation();
```

```
//Use functions in namespace

echo Publishers/Packt/getBook();
echo Publishers/Packt/saveBook('PHP 7 High Performance');

//Use constants

echo Publishers\Packt\COUNT;
echo Publishers\Packt\KEY;
```

在上面的代码中，我们通过命名空间直接使用了函数与常量，这样代码看起来还好，但是多少有些赘余。命名空间可以被用在任何地方，如果我们有很多命名空间，那么代码将无比复杂，难以阅读。

> 我们没有通过 include 类文件的方式来使用代码。加载类的方式有两种：一种是通过 include 声明显示要加载的类；另一种是通过__autoload 函数来加载所有的类文件。

现在换一种方法，可以使代码可读性更高，具体代码如下。

```
use Publishers\Packt\Book;
use Publishers\Packt\Ebook;
use Publishers\Packt\Video;
use Publishers\Packt\Presentation;
use function Publishers\Packt\getBook;
use function Publishers\Packt\saveBook;
use const Publishers\Packt\COUNT;
use const Publishers\Packt\KEY;

$book = new Book();
$ebook = new Ebook(); //在命名空间中为每个类实例化对象
$video = new Video();
$pres = new Presentation();
```

```
echo getBook();
echo saveBook('PHP 7 High Performance');

echo COUNT;
echo KEY;
```

在这段代码顶部，我们通过命名空间中的 PHP 声明来显示引入的很多类、函数、常量。这种方法依然需要很多行复杂的代码才能表明我们希望用到的类、函数、常量等，这导致了在文件顶部需要写很多的 use 声明，显得很烦琐。

为了解决这个问题，PHP 7 引入了批量的 use 声明，下面列举三种 use 声明的模式。

- 非混合模式的 use 声明
- 混合模式的 use 声明
- 复合模式的 use 声明

非混合模式的 use 声明

假设命名空间里有多重类型的资源，例如类、函数、常量等，则使用非混合模式的 use 声明，可以按照类型将它们归类后逐个用 use 声明。这很容易理解，代码如下。

```
use Publishers\Packt\{ Book, Ebook, Video, Presentation };
use function Publishers\Packt\{ getBook, saveBook };
use const Publishers\Packt\{ COUNT, KEY };
```

在上面的例子中，每一个命名空间下有三种特性资源：类、函数、常量。分别通过 use 关键字来声明每一类需要批量声明使用的特性资源，这样代码会比较清晰、表意准确、可读性强。

混合模式的 use 声明

在这种声明方式中，我们将同一命名空间下的内容合并在一起，使用一次 use 关键字完成全部声明，代码如下。

```
use Publishers\Packt\{
  Book,
```

```
    Ebook,
    Video,
    Presentation,
    function getBook,
    function saveBook,
    const COUNT,
    const KEY
};
```

复合模式的 use 声明

为了明白什么是复合模式的命名空间声明，我们需要先理解下面的标准。

举例说明，有一个 Book 类处于 Publishers\Packt\Paper 命名空间下，有一个 Ebook 类位于 Publishers\Packt\Electronic 命名空间下，还有两个类 Video、Presentation 位于 Publishers\Packt\Media 命名空间下，那么此时，若需要用 use 来声明这些类的话，则需要用以下代码。

```
use Publishers\Packt\Paper\Book;
use Publishers\Packt\Electronic\Ebook;
use Publishers\Packt\Media\{Video,Presentation};
```

在复合模式声明下，我们可以按如下方式进行命名空间声明。

```
use Publishers\Packt\{
    Paper\Book,
    Electronic\Ebook,
    Media\Video,
    Media\Presentation
};
```

这样的声明看上去更加清晰，不必写太多的命名空间信息。

匿名类

匿名类的声明与使用是同时进行的，它具备其他类所具备的所有功能，差别在于匿名类没有类名。匿名类的一次性小任务代码流程对性能提升帮助很大，你不必将整个类写完后再使用它。

虽然我们看到的匿名类是没有命名的，但在 PHP 内部，会在内存的引用地址表中为其分配一个全局唯一的名称。例如全局的一个匿名类的名称为 class@0x4f6a8d124。

匿名类的语法与命名类的语法相似，仅仅是没有设置类名，具体如下。

```
new class(argument) { definition };
```

我们来看一个通俗易懂的例子，如下所示。

```
$name = new class() {
  public function __construct()
  {
    echo 'Altaf Hussain';
  }
};
```

这段代码仅仅显示一行 Altaf Hussain。

参数可以直接设置在匿名类中当作构造函数的参数，如下面代码所示。

```
$name = new class('Altaf Hussain') {
  public function __construct(string $name)
  {
    echo $name;
  }
};
```

这段代码同样能够得到与前面一段代码相同的输出内容。

匿名类在继承方面与命名类相同，一样可以继承父类及父类的方法，以下面代码为例。

```
class Packt
{
```

```
    protected $number;

    public function __construct()
    {
      echo 'I am parent constructor';
    }

    public function getNumber() : float
    {
      return $this->number;
    }
  }

  $number = new class(5) extends packt
  {
    public function __construct(float $number)
    {
      parent::__construct();
      $this->number = $number;
    }
  };

  echo $number->getNumber();
```

上述代码将显示 `I am parent constructor` 和 5。如代码所示，我们通过使用匿名类继承了父类 `Packt`。同时，父类的 `public`、`protected` 属性在匿名类中依然有效。匿名类同样可以继承接口，方式与继承命名类相同。

首先来编写一个接口，代码如下。

```
interface Publishers
{
  public function __construct(string $name, string $address);
  public function getName();
  public function getAddress();
}
```

现在我们将 Packt 类的代码修改如下。

```
class Packt
{
  protected $number;
  protected $name;
  protected $address;
  public function ...
}
```

重构后的代码与之前的 `Packt` 类很像。下面来写一个匿名类，让这个匿名类继承 `Packt` 类并且继承 `Publishers` 类，代码如下。

```
$info = new class('Altaf Hussain', 'Islamabad, Pakistan')
  extends packt implements Publishers
{
  public function __construct(string $name, string $address)
  {
    $this->name = $name;
    $this->address = $address;
  }

  public function getName() : string
  {
    return $this->name;
  }

  public function getAddress() : string
  {
    return $this->address;
  }
}

echo $info->getName(). ' '.$info->getAddress();
```

上面的代码清晰易懂，在此就不详细介绍了。执行上面代码会输出 `Altaf Hussain`

与参数传入的地址信息。

匿名类可以嵌套在一个类中使用，代码如下。

```
class Math
{
  public $first_number = 10;
  public $second_number = 20;
  public function add() : float
  {
    return $this->first_number + $this->second_number;
  }

  public function multiply_sum()
  {
    return new class() extends Math
    {
      public function multiply(float $third_number) : float
      {
        return $this->add() * $third_number;
      }
    };
  }
}

$math = new Math();
echo $math->multiply_sum()->multiply(2);
```

执行上面的代码会返回 60。具体是怎么实现的呢？Math 类中有一个 multiply_sum 方法，这个方法会返回一个匿名类。该匿名类继承于 Math 类，包含一个 multiply 方法。所以，当使用 echo 关键字输出内容时，一般包括以下步骤：首先调用$math->multiply_sum()生成一个由匿名类创建的对象；接着执行->multiply(2)，因为这个对象会调用匿名类的 multiply 方法并传递参数 2。

在上面的例子中，Math 类可以被外部类调用，匿名类可以被内部类调用。需要记住的是，内部类不需要调用外部类。在这个例子中，我们扩展它是为了证明内部类可以通过继承外部类的方式来调用外部类中被声明为保护权限的方法。

不推荐使用老式的构造方法

从 PHP 4 开始，构造函数便可以通过命名保持与类名一致的方式来声明自己是构造函数。这种使用方式一直被沿用至 PHP 5.6。但是在 PHP 7 中，这种构造函数的声明方式不被推荐使用。我们先举一个老式构造方法的例子。

```
class Packt
{
  public function packt()
  {
    echo 'I am an old style constructor';
  }
}

$packt = new Packt();
```

执行上述代码会输出 `I am an old style constructor`，并且会携带一些不被推荐的信息，具体如下。

```
Deprecated: Methods with the same name as their class will not be
constructors in a future version of PHP; Packt has a deprecated
constructor in…
```

但是，这种构造函数的声明方式目前还是可以使用的。我们选择在类中添加一个 PHP 的`__construct`方法。

```
class Packt
{
  public function __construct()
  {
    echo 'I am default constructor';
  }
```

```
  public function packt()
  {
    echo 'I am just a normal class method';
  }
}

$packt = new Packt();
$packt->packt();
```

在这段代码中，常规的构造函数方法__construct 会被调用，这个与类名同名的 packt()方法则不会被调用。

老式的构造函数声明方式在 PHP 7 中依然可以被使用，只是会产生不推荐的信息。但是一般这类不推荐的方式都会在接下来的版本中被移除，所以笔者强烈建议不要使用老式的声明方式。

Throwable 接口

PHP 7 提供了一种全局的接口，使得所有的类都可以基于此使用 throw 关键字。在 PHP 中，异常与错误难免会遇到。在 PHP 7 之前，异常可以被截获，但是错误不可能被截获。从 PHP 7 开始，任何完整程序或一部分程序中的 Fatal 错误都可以被截获。为了更好地截获诸多的错误（大多数的 Fatal 错误），PHP 7 提供了 throwable 接口，异常与错误都继承于这个接口。

我们自己写的 PHP 类是不能继承 throwable 接口的，如果希望继承 throwable 接口，需要继承某个异常类。

Error

现在大多数的 Fatal 错误情况会抛出一个 error 实例，类似于截获异常，error 实例可以被 try/catch 截获，我们一起来看下面的例子。

```
function iHaveError($object)
```

```
{
  return $object->iDontExist();
  {

  //调用方法
  iHaveError(null);
  echo "I am still running";
```

执行上述代码会产生一个 Fatal 错误，该程序将停止运行，并且最后一行的 echo 语句不会被执行。

现在把上述函数放在 try/catch 中执行，代码如下。

```
try
{
  iHaveError(null);
} catch(Error $e)
{
  //显示错误消息或记录错误消息
  echo $e->getMessage();
}

echo 'I am still running';
```

再次执行上面的代码，catch 中的内容将会被执行。之后，代码可以继续执行，最后一行 echo 中的内容也会被输出。

大多数情况下，error 实例会在大部分 Fatal 错误的情况下被抛出，但是对于一些错误情况，只有 error 的子实例会被抛出，例如 TypeError、DivisionByZeroError、ParseError 等。

现在一起来看一个 DivisionByZeroError 的例子。

```
try
{
  $a = 20;
```

```
  $division = $a / 20;
} catch(DivisionByZeroError $e)
{
  echo $e->getMessage();
}
```

在 PHP 7 之前，上面的代码会触发一个 warning 级别的错误，如今在 PHP 7 中，执行上面代码将会抛出一个可以被捕获的 DivisionByZeroError 异常。

新的操作符

PHP 7 中引入了两个非常有意思的操作符。这两个操作符可以让我们用更简单的代码实现与复杂代码相同的功能，并且让代码更加清晰易懂，更具可读性。下面，一起来看看这两个新的操作符。

太空飞船操作符（<=>）

太空飞船操作符在比较变量时非常有用，这里说的变量包括数值（字符串型、整型、浮点型等）、数组、对象。这个操作符将三个比较符号（==、<、>）打包在了一起，可以用于书写清晰易读的用于 usort、uasort、uksort 的回调函数，具体使用规则如下。

- 当符号两边相等时返回 0
- 当符号右边大于符号左边时返回-1
- 当符号左边大于符号右边时返回 1

用下面的例子来比较整型、字符串型、对象与数组。

```
$int1 = 1;
$int2 = 2;
$int3 = 1;

echo $int1 <=> $int3; //返回0
echo '<br>';
```

```
echo $int1 <=> $int2; //返回-1
echo '<br>';
echo $int2 <=> $int3; //返回1
```

执行这段代码得到的结果如下。

```
0
-1
1
```

在第一个比较式中，因为$int1 与$int3 相等，所以返回值是 0。在第二个比较式中，因为右参（$int2）大于左参（$int1），所以返回值是-1。对于最后一个比较式，因为左参（$int2）大于右参（$int3），所以返回值是 1。

上面的例子告诉我们如何使用太空飞船操作符来对整形数进行比较。同样地，我们也可以用这个操作符来对比字符串、对象、数组，这些类型的比较都基于标准的 PHP 比较方式。

想要了解一些用太空飞船操作符进行比较的例子可以查阅 https://wiki.php.net/rfc/combined-comparison-operator。这是一份相当有用的 RFC 文档。

这个操作符在进行数组排序时是非常有用的。一起来看下面这个例子。

```
Function normal_sort($a, $b) : int
{
  if( $a == $b )
    return 0;
  if( $a < $b )
    return -1;
  return 1;
}

function space_sort($a, $b) : int
{
```

```
  return $a <=> $b;
}

$normalArray = [1,34,56,67,98,45];

// 对数组进行升序排序
usort($normalArray, 'normal_sort');

foreach($normalArray as $k => $v)
{
  echo $k.' => '.$v.'<br>';
}

$spaceArray = [1,34,56,67,98,45];

//通过太空飞船操作符对数组进行排序
usort($spaceArray, 'space_sort');

foreach($spaceArray as $key => $value)
{
  echo $key.' => '.$value.'<br>';
}
```

在这段代码中，我们用两个函数来对数组进行排序，被排序的数组内容一样，但属于不同的变量。`$normalArray` 数组要用 `normal_sort` 函数来排序，`normal_sort` 函数使用 `if` 判断式来判断数值大小。另一个数组 `$spaceArray` 与数组 `$normalArray` 有相同的数据内容，但是使用 `space_sort` 函数进行排序，且这个函数中使用到了太空飞船操作符。最终的排序结果是相同的，但是回调函数却是不同的。`normal_sort` 函数使用了 `if` 判断式并且需要通过很多行代码来实现，而 `space_sort` 函数仅仅使用了一行代码就实现了！`space_sort` 函数的代码更加精简，并且不需要写很多 `if` 判断式。

null 合并运算符（??）

想必大家都知道三元运算符，我们常常会用到它。三元运算符只需一行代码就可以实

现 *if-else* 的功能。例如下面这样。

```
$post = ($_POST['title']) ? $_POST['title'] : NULL;
```

如果$_POST['title']存在，$post 变量便会被赋上它的值；如果不存在，$post 就会被赋值为 NULL。然而，如果$_POST、$_POST['title']不存在或者为 null 时，PHP 就会抛出 *Underfined Index* 错误。为了解决这个问题，一般采用 isset 函数，代码如下。

```
$post = isset($_POST['title']) ? $_POST['title'] : NULL;
```

这样便可以解决报错，但同时带来一个棘手问题——如果我们要在多处进行这样的校验，就要写很多这样的代码，特别是在写 PHP 的模板语言时，问题突显。

在 PHP 7 中，推荐使用合并运算符，在第一操作数存在时可被直接返回，不然则返回第二操作数。具体使用方法如下。

```
$post = $_POST['title'] ?? NULL;
```

这行示例代码与前面的代码功能是一样的。合并运算符检查$_POST['title']是否存在，如果存在则返回$_POST['title']，否则返回 NULL。

合并运算符的另一个好处是可以连续使用。

```
$title = $_POST['title'] ?? $_GET['title'] ?? 'No POST or GET';
```

上面这行代码执行时会先检查第一操作数是否存在，若存在则直接返回，若不存在便检查第二操作数。此时第二个合并操作符开始生效，它会检查第二操作数是否存在，若存在则返回，若不存在则会返回右边的值。

如果用老式代码实现，则如下。

```
if(isset($_POST['title']))
  $title = $_POST['title'];
elseif(isset($_GET['title']))
  $title = $_GET['title'];
else
```

```
  $title = 'No POST or GET';
```

通过上面的例子，我们可以看到，合并操作符能让代码更加精简，减少代码量。

统一变量语法

我们常常会遇到这样的情况：方法、变量、类名等会被保存在某个变量里，例如下面这个例子。

```
$objects['class']->name;
```

在上面的代码中，`$objects['class']`会先被解析，之后 name 属性再被解析。就像代码顺序一样，通常由左至右被解析。

那么现在我们考虑一下如下情况。

```
$first = ['name' => 'second'];
$second = 'Howdy';

echo $$first['name'];
```

在 PHP 5.x 版本中，这段代码会被顺利执行，并且输出 `Howdy`。然而，这样的输出与前面看到的变量从左到右解析的原则产生了不一致。这是因为`$$first` 会优先被解析。那么，上面的代码解析情况就变成了`${$first['name']}`。很明显，变量语法不一致，并可能造成混淆。为了避免这种不一致性，PHP 7 引入了统一变量语法。如果不使用这种语法，上面的代码会产生 Notice 级别错误，并且得到不确定的输出内容。为了在 PHP 7 中实现上面代码，大括号中的内容应补充如下。

```
echo ${$first['name']};
```

来看另外一个例子。

```
class Packt
{
  public $title = 'PHP 7';
  public $publisher = 'Packt Publisher';
```

```
    public function getTitle() : string
    {
      return $this->title;
    }

    public function getPublisher() : string
    {
      return $this->publisher;
    }
}
$mthods = ['title' => 'getTitle', 'publisher' => 'getPublisher'];
$object = new Packt();
echo 'Book '.$object->$methods['title']().
    ' is published by '.$object->$methods['publisher']();
```

上面的代码在 PHP 5.x 版本中执行得很顺畅，并且会输出预期的结果。然而，在 PHP 7 环境下执行时，会产生 Fatal 级别错误。错误主要体现在最后一行，PHP 7 会首先尝试解析 `$object->$method`，之后才会尝试解析`['title']`等，这并不符合预期。

若想让这段代码在 PHP 7 中运行起来，需要做以下修改。

```
echo 'Book '.$object->{$methods['title']}().
    ' is published by '.$object->{$methods['publisher']}();
```

通过修改代码，我们就可以在 PHP 7 环境下得到预期的结果了。

其他特性和变更

PHP 7 还更新了许多其他特性，例如常量数组、`switch` 循环中的多个默认值、`session_start` 中的选项数组等，下面逐一介绍。

常量数组

从 PHP 5.6 开始，常量数组可以使用 `const` 关键字来声明，方法如下。

```
const STORES = ['en', 'fr', 'ar'];
```

目前在 PHP 7 中，常量数组可以通过 define 函数来初始化。

```
define('STORES', ['en', 'fr', 'ar']);
```

Switch 中的多个 default 默认值

在 PHP 7 之前，多个 default 默认值在 switch 语句中是被允许的。

```
switch(true)
{
  default:
    echo 'I am first one';
    break;
  default:
    echo 'I am second one';
}
```

但从 PHP 7 开始，这样的代码就会产生 Fatal 级别错误，错误内容如下。

```
Fatal error: Switch statements may only contain one default clause in...
```

Session_start 函数中的选项数组

在 PHP 7 之前，当我们要使用 session 时，必须先调用 session_start() 函数。这个函数并没有参数需要传递，所有 session 相关的配置都在 php.ini 文件中。从 PHP 7 开始，可以在调用函数时传递参数选项数组，这些设置信息将覆盖 php.ini 中的 session 配置。

看一下这段简单的代码示例。

```
session_start([
  'cookie_lifetime' => 3600,
  'read_and_close'  => true
]);
```

在这个示例中，实参部分传递的选项数组将优先于 php.ini 中的 session 配置而被使用。

Unserialize 函数引入过滤器

通常我们使用 serialize 和 unserialize 两个方法分别对对象进行序列化和反序列化。然而，unserialize()函数并不安全，因为它没有任何过滤项，并且可以反序列化任何类型的对象。因此，PHP 7 在该函数中引入了过滤器，默认情况下允许反序列化所有类型的对象。使用方法如下。

```
$result = unserialize($object,
  ['allowed_classes' => ['Packt', 'Books', 'Ebooks']]);
```

本章小结

在本章中，我们讨论了新的 OOP 特性，例如类型声明、匿名函数、Throwable 接口、批量 use 声明命名空间以及两个很重要的新操作符：宇宙飞船操作符、null 合并运算。同时，我们讨论了统一变量语法和一些新的小特性，例如常量数组、switch 中的唯一 default 默认值、Session_start()函数的选项数组等。

在下一章中，我们会探讨如何提升应用性能，主要涉及 Apache 和 Nginx，以及通过特殊的设置提升它们性能的方法。我们也会探讨如何通过不同的 PHP 设置来提升性能，以及 Google 的网页加速模式、CSS/JavaScript 合并、CDN 等性能优化手段。

3

PHP 7 应用性能提升

为了提升性能，PHP 7 已经完全基于 PHPNG 进行重写。不过，依然有很多其他方法可以用来进一步提升 PHP 7 的应用性能，譬如高性能的代码、采用最佳实践、WebServer 调优、缓存等。在这一章中，我们会讨论以下这些性能优化技术：

- Nginx 与 Apache
- HTTP 服务器性能优化
- 内容分发网络（CDN）
- JavaScript/CSS 优化
- 全页缓存技术
- Varnish
- 基础设施

Nginx 与 Apache

目前有很多的 HTTP server 软件可供选择，并且每一款都有其优缺点。目前最为流行的两款 HTTP Server 软件当数 Nginx 和 Apache 了。下面对这两者进行比较，看看哪款更适合我们应用。

Apache

Apache 是使用最为广泛的一款 HTTP Server 软件，大多数的管理员都特别钟爱它。管理员们选择 Apache 主要是考虑到它具有足够灵活、广泛支持、能力强化、以模块方式集成大多数语言（例如 PHP）的优点。因为 Apache 是在进程内部解析大多数脚本语言的，所以没有软件间通信的开销。Apache 处理请求的模式有三种：prefork 模式（线程创建进程）、worker 模式（进场创建线程）、事件驱动模式（与 Worker 模式相似，但这种模式会为连接保持创建专用线程，活动请求使用另外创建的线程），因此，它能提供更高的灵活度。

如前所述，每一个请求都会由一个线程或一个进程处理，所以 Apache 在处理请求时开销很大。当它应用在高并发场景时，其性能低下的问题便会突显出来。

Nginx

为了解决高并发场景下的性能低下问题，Nginx 应运而生。Nginx 提供了异步、事件驱动、非阻塞请求处理。由于请求异步处理，Nginx 不必等待每个请求完成，避免锁住资源。

Nginx 创建许多工作进程，每个工作进程可以处理数千个链接，因此可以使用很少的进程来承载高并发流量。

Nginx 没有内置任何解释型语言，这也许是好事，因为如此一来 Nginx 便可以专注处理请求的接收与响应，而具体解析脚本语言的进程则在 Nginx 之外。通常我们认为 Nginx 要快于 Apache，但是在一些场景下，例如静态资源（图片资源、`.css` 与 `.js` 文件等）下，Apache 也有自己的优势。在构建高性能服务器时，Apache 并不是问题所在，PHP 才是真正的瓶颈。

Apache 与 Nginx 可以用于各种操作系统中。在本书中，我们会以 Debian、Ubuntu 为基础，所以文件的路径将会基于这些操作系统。

如上文提到的，我们将以 Nginx 为例讲解后面的内容。

HTTP Server 优化

每款 HTTP Server 程序提供的功能，都可以实现优化请求处理和服务内容。在本节中，我们将分享能使 Apache 和 Nginx 性能及可扩展性达到最佳的一些优化技术。大多数情况下，是需要重启 Apache 或 Nginx 来应用这些修改的。

缓存静态文件

通常情况下，图片、css 文件、js 文件、字体文件这些静态文件的变更是不频繁的。所以，这类资源可以很好地被缓存在用户设备上。为了达到这样的效果，Web Server 程序需要添加特殊的响应头信息，以便让用户在浏览内容的同时将静态内容缓存在用户设备上。其在 Apache 和 Nginx 上的配置分别如下。

Apache

用户设备在 Apache 上缓存静态内容时，配置如下。

```
<FilesMatch "\.(ico|jpg|jpeg|png|gif|css|js|woff)$">
  Header set Cache-Control "max-age=604800, public
</FileMatch>
```

上面的内容需要被配置在.htaccess 文件中，我们使用到 Apache 的 FilesMatch 命令来匹配相应文件的扩展名。如果对应文件扩展名的文件被匹配到，Apache 将添加头信息，以标识这类文件可以被用户端设备缓存七天，浏览器发现这样的头信息后便会缓存文件，在这个例子中浏览器会缓存七天。

Nginx

下面的内容需要配置到/etc/nginx/sites-available/your-virtual-host-conf-file 文件中。

```
Location ~* .(ico|jpg|jpeg|png|gif|css|js|woff)$ {
  Expires 7d;
}
```

在上面的配置中，我们使用到了 Nginx 的 `Location` 区块定义了一批文件扩展名，过期时间被标记为七天。Nginx 同样会在匹配到相应静态文件时添加对应的头信息。

设置好上面的配置信息后，响应头信息内容如下图所示。

```
Request Method: GET
Status Code: ● 200 OK (from cache)
▼Response Headers
access-control-allow-origin: *
cache-control: max-age=604800
content-encoding: gzip
content-type: application/x-javascript
date: Tue, 27 Oct 2015 11:12:10 GMT
etag: W/"55d2213a-16d1c"
expires: Tue, 03 Nov 2015 11:12:10 GMT
last-modified: Mon, 17 Aug 2015 18:00:26 GMT
```

从上图中可以清晰地看到，`.js` 文件是从 Cache 中加载的，并且被设置了七天或 604800 秒的有效期。在有效时间耗尽时，浏览器会请求服务器资源并且再次将静态内容缓存在本地，同时设置七天的有效期。这一切都取决于我们在 Web Server 中对缓存控制头信息进行的配置。

HTTP 持久链接

HTTP 持久链接（或者称为 HTTP Keep-alive 技术）表示一条 TCP/IP 链接上承载着多个上下行请求。相对于传统的单链接模式（一次请求需要创建一条单独的 BS 链接的模式）而言，HTTP Keep-alive 技术有着大幅度的性能提升。下列几种情况分别是 HTTP keep-alive 模式的优点。

- CPU 和内存的负载会减轻。因为同一时刻打开的 TCP 链接数变少了，后续请求和响应无须打开新链接，可以继续基于这些 TCP 链接发送上下行数据。
- 当 TCP 链接建立后，请求的等待时间将会减少。TCP 建立链接时的三次握手发生在用户侧与 Server 之间。当握手成功时，一条 TCP 链接就被建立起来了。在 Keep-

alive 模式下，握手环节是一次性的，即在链接建立时便会发生。链接建立后发生的数据传递不产生握手环节，这部分的开销将会被优化，因此可以有效地提升请求上下行数据的性能。

- 网络阻塞情况减轻。因为在同一时刻只会有少数的链接保持着。

介绍完 Keep-alive 的优点，我们来关注一下它的不足。许多的服务器有并发数限制，当并发数上升到一定程度时，程序的性能将大幅下降。为了解决这个问题，设置链接超时时间便非常有必要。设置以后，超过设定时间的链接将会被自动关闭。现在我们来看看如何配置来启动 Apache 与 Nginx 技术方案下的 Keep-alive 模式。

Apache

Apache 程序开启 Keep-alive 的方式有两种，分别是通过修改`.htaccess`文件的方式和修改 Apache 配置文件的方式。

若是通过修改`.htaccess`文件的方式来开启 Keep-alive，需要将下面的内容配置在你的`.htaccess`文件末尾。

```
<ifModule mod_headers.c>
  Header set Connection keep-alive
</ifModule>
```

在上面的这段配置中，我们为 keep-alive 设置了链接头信息。由于`.htaccess`配置文件相对于 Apache 的配置文件有更高的优先级，所以无论 Apache 配置文件如何改动，keep-alive 的配置都会采用`.htaccess`文件中的这段配置。

若是通过修改 Apache 配置文件的方式来开启 Keep-alive，我们需要修改三处配置项。搜索下列内容并按照如下示例进行修改。

```
KeepAlive On
MaxKeepAliveRequests 100
KeepAliveTimeout 100
```

通过设置`KeepAlive`为`On`，来开启 Keep-alive 的支持。

接下来是 MaxKeepAliveRequests 配置，它限制了 Keep-alive 在同一时刻的最大链接数。100 是 Apache 的默认配置，这个值可以根据实际需求进行修改。一般为了追求性能的最大化，这个值应该设置得高一些。如果设置为 0，就意味着 Apache 将不对 Keep-alive 的链接数进行限制，不建议大家这样设置。

最后配置 KeepAliveTimeout，通常设置为 100 秒，意味着 Apache 针对同一个长链接保持的等待时间是 100 秒。如果对于同一长链接，Apache 等待了 100 秒还未收到下一条请求，便会主动断开。

Nginx

HTTP 请求的 keep-alive 是由 Nginx 的 http_core 模块支持的，默认情况下是开启的。在 Nginx 的配置文件中，我们可以对长链接相关的配置稍加修改，例如超时时间。打开 nginx 配置文件，并且编辑下面的信息，设置需要的配置值。

```
keepalive_requests 100
keepalive_timeout 100
```

配置中，keepalive_requests 定义了单个客户端在一条长链接链路上可以同时发起的请求数，keepalive_timeout 定义了长链接的超时时间，超过了这个时间后，Nginx 会断开长链接。

GZIP 压缩

将网络中传输的内容进行压缩后再传递，可以有效减轻传输负担，从而提升 HTTP 请求的响应速度。Apache 与 Nginx 都支持 GZIP 压缩，现如今的大多数浏览器也都已支持 GZIP 压缩数据的解析。当 GZIP 压缩开启后，HTTP 服务器会将每次输出的 HTML、CSS、JavaScript、图片等文件进行压缩，缩小其大小，这样内容会被更快地送达用户终端。

浏览器会在请求服务器时告知自己是否支持 GZIP 压缩，若支持，服务器端程序在输出内容时便使用 GZIP 压缩。

下面的配置内容，说明了如何在 Apache、Nginx 中开启 GZIP 压缩功能。

Apache

依然是修改.htaccess 文件，具体如下。

```
<IfModule mod_deflate.c>
SetOutputFilter DEFLATE
 #添加需要进行过滤的文件类型
AddOutputFilterByType DEFLATE text/html text/plain text/xml text/css
text/javascript application/javascript
   #不压缩图片
   SetEnvIfNoCase Request_URI \.(?:gif|jpe?g|png)$ no-gzip dont-vary
</IfModule>
```

在上述配置内容中，我们使用 Apache deflate 模块开启压缩，通过配置文件类型过滤器，对.html、.xml、.css、.js 等文件进行内容输出前压缩。我们没有设置图片的压缩处理，因为压缩后的图片质量会受到很大影响。

Nginx

与前面的配置类似，将下列内容置于需要使用压缩技术的虚拟机配置中即可。

```
gzip on;
gzip_vary on;
gzip_types text/plain text/xml text/css text/javascript application/x-
javascript;
gzip_com_level 4;
```

在上述代码中，GZIP 压缩被 gzip on 设置开启，之后的 gzip_vary on 将会启用 varying 头。gzip_types 这行配置定义了将会被压缩的文件类型，任何类型的文件若需要压缩，都可以在这里定义。gzip_com_level 4 表明压缩等级，此处的值请小心斟酌，不宜设置太高，取值区间是 1 ~ 9，建议设置中间值。

让我们一起看看设置是否生效了。在下面的截图中，客户端向服务端发起了请求，其中没有说明客户端开启了 GZIP 压缩，得到的 HTML 文件大小为 59KB。

✓	Method		Type	Transferred	Size	
200	GET	/	html	59.01 KB	57.73 KB	→ 1001 ms

▼ Response headers (0.505 KB)

Cache-Control: "no-store, no-cache, mu...-check=0, pre-check=0"
Connection: "keep-alive"
Content-Type: "text/html; charset=UTF-8"
Date: "Thu, 05 Nov 2015 07:01:13 GMT"
Expires: "Thu, 19 Nov 1981 08:52:00 GMT"
Pragma: "no-cache"
Server: "nginx/1.8.0"

当开启 GZIP 压缩后，依然是相同的请求，得到的 HTML 内容被减小到了 9.95KB，如下图所示。

✓	Method		Type	Transferred	Size	
200	GET	/	html	9.95 KB	57.73 KB	→ 906 ms

▼ Response headers (0.551 KB)

Cache-Control: "no-store, no-cache, mu...-check=0, pre-check=0"
Connection: "keep-alive"
Content-Encoding: "gzip"
Content-Type: "text/html; charset=UTF-8"
Date: "Thu, 05 Nov 2015 07:04:03 GMT"
Expires: "Thu, 19 Nov 1981 08:52:00 GMT"
Pragma: "no-cache"
Server: "nginx/1.8.0"

如此一来，因为传输的文件大小明显被压缩，所以传输的时间也缩短了。传输小文件，能够有效地提升传输速度。

PHP 独立部署服务

Apache 是以 mod_php 模块的方式加载 PHP 的。在这种方式下，PHP 与 Apache 耦合得很紧，所有的请求都会由 Apache 模块处理，这会非常消耗机器的硬件资源。我们可以让 PHP-FPM 与 Apache 结合，它们都独立部署，通过 FastCGI 协议相互传递数据。这样的话，Apache 只需关注 HTTP 请求链接即可，PHP 进程则由 PHP-FPM 创建与维护。

Nginx 则有些不同，Nginx 不提供内建 PHP 模块的方法，所以 Nginx 与 PHP 本身就是相互独立的。

现在，我们来看看 PHP 独立服务时都发生了什么改变。Web 服务器不必对动态内容进行处理，仅仅将请求转发给另外一个服务器即可，这大大减轻了 Web 服务器的负载情况。

关闭不用的模块

Apache 与 Nginx 都有许多内部默认携带的模块，大多数情况下我们用不到。因此最好的方式是将这些用不到的模块统统禁用。

这里有一个小技巧用于筛选出有用的模块：先将所有的模块禁用并重启服务器，然后逐个开启并检查应用程序是否运行正常。同样地，将所有模块默认全部开启，然后逐个关闭并检查应用程序是否正常运行，也可以剔除掉不用的模块。

你可能会发现，某个模块虽然并不需要，但一些其他的有用模块还要依赖这个模块。所以，最好的方法是做一个列表标识启用或禁用的模块。

Apache

使用如下命令可以获得 Apache 加载的所有模块的列表。

```
sudo apachectl -M
```

这行命令会列出所有 Apache 已经加载的模块，如下图所示。

```
~ » apachectl -M | sort
 access_compat_module (shared)
 alias_module (shared)
 auth_basic_module (shared)
 authn_core_module (shared)
 authn_file_module (shared)
 authz_core_module (shared)
 authz_groupfile_module (shared)
 authz_host_module (shared)
 authz_user_module (shared)
 autoindex_module (shared)
 core_module (static)
 dir_module (shared)
 env_module (shared)
 filter_module (shared)
 headers_module (shared)
 hfs_apple_module (shared)
 http_module (static)
 lbmethod_bybusyness_module (shared)
```

有了列表后，我们分析所有的模块，看看哪些是 Web 程序所用不到的，禁用这些模块，然后继续按以下方法操作。

打开 Apache 配置文件，找到下面这段配置信息，它配置了所有开启的模块，如下所示。

```
LoadModule access_compat_module modules/mod_access_compat.so
LoadModule actions_module modules/mod_actions.so
LoadModule alias_module modules/mod_alias.so
LoadModule allowmethods_module modules/mod_allowmethods.so
LoadModule asis_module modules/mod_asis.so
LoadModule auth_basic_module modules/mod_auth_basic.so
#LoadModule auth_digest_module modules/mod_auth_digest.so
#LoadModule auth_form_module modules/mod_auth_form.so
#LoadModule authn_anon_module modules/mod_authn_anon.so
```

所有行首有符号#的都是没有被加载的。所以，若想让某个模块不被加载，就在它前面加上符号#，这样对应的模块就不会被加载了。

Nginx

检查 Nginx 都开启了哪些模块，可以使用如下命令。

```
sudo Nginx -V
```

执行后会列出所有 Nginx 加载的模块以及 Nginx 的版本信息与构建的时间，如下图所示。

```
~ # nginx -V
nginx version: nginx/1.8.1
built with OpenSSL 1.0.1e 11 Feb 2013
TLS SNI support enabled
configure arguments: --with-cc-opt='-g -O2 -fstack-protector --param=ssp-buffer-size=4 -Wformat -Werror=format-security
-D_FORTIFY_SOURCE=2' --with-ld-opt=-Wl,-z,relro --prefix=/usr/share/nginx --conf-path=/etc/nginx/nginx.conf --http-log-p
ath=/var/log/nginx/access.log --error-log-path=/var/log/nginx/error.log --lock-path=/var/lock/nginx.lock --pid-path=/run
/nginx.pid --http-client-body-temp-path=/var/lib/nginx/body --http-fastcgi-temp-path=/var/lib/nginx/fastcgi --http-proxy
-temp-path=/var/lib/nginx/proxy --http-scgi-temp-path=/var/lib/nginx/scgi --http-uwsgi-temp-path=/var/lib/nginx/uwsgi --
with-debug --with-pcre-jit --with-ipv6 --with-http_ssl_module --with-http_stub_status_module --with-http_realip_module -
-with-http_auth_request_module --with-http_gunzip_module --with-file-aio --with-threads --with-http_spdy_module --with-h
ttp_addition_module --with-http_dav_module --with-http_geoip_module --with-http_gzip_static_module --with-http_image_fil
ter_module --with-http_secure_link_module --with-http_sub_module --with-http_xslt_module --with-mail --with-mail_ssl_mod
ule --add-module=/usr/src/builddir/debian/modules/nginx-auth-pam --add-module=/usr/src/builddir/debian/modules/nginx-dav
-ext-module --add-module=/usr/src/builddir/debian/modules/nginx-echo --add-module=/usr/src/builddir/debian/modules/nginx
-upstream-fair --add-module=/usr/src/builddir/debian/modules/ngx_http_substitutions_filter_module --add-module=/usr/src/
builddir/debian/modules/nginx-cache-purge --add-module=/usr/src/builddir/debian/modules/ngx_http_pinba_module --add-modu
le=/usr/src/builddir/debian/modules/nginx-x-rid-header --with-ld-opt=-lossp-uuid
```

通常情况下，Nginx 仅启用所需的模块进行工作。若想开启某个 Nginx 模块，我们只需要轻微修改 Nginx 配置文件即可。但禁用 Nginx 模块的方法不止一种，所以，最好搜索查找到特定的模块，并看看 Nginx 的网站上的模块页面。一般情况下，我们可以看到这个模块的信息，以及禁用、配置它的方法。

Web 服务器资源

每个 Web 服务器都会默认一些全局配置以供使用，然而这些设置可能并不完美匹配服务器硬件情况。Web 服务器硬件方面最大的问题当数 RAM 内存问题，RAM 内存越多，服务器就可以处理更多的请求。

Nginx

Nginx 提供两个变量 `worker_processes`、`wordker_connections` 来适应资源情

况。worker_processes 设置决定着可以有多少 Nginx 进程被运行。

那么,到底 worker_processes 设置为多少更合适呢？这取决于服务器能力。通常，一个进程运行在一个 CPU 核上是比较合适的。所以，假如你的服务器是四核，该配置便设置为 4 比较好。

worker_connections 配置决定这一个进程中同时可以处理的链接数。简而言之，worker_connections 告诉 Nginx 同时处理请求的个数。这里的配置也取决于系统的处理核数。通过下面的命令可以查看 Linux 系统（Debian/Ubuntu）的核数信息。

```
Ulimit -n
```

执行这行命令后显示的数值，就可以作为 worker_connections 配置的设置值。

假设服务器进程处理器为四核，并且每个核显示处理进程数为 512，则这台设备上运行的 Nginx 配置中的这两项配置如下。配置文件在 Debian/Ubuntu 系统上，位于/etc/nginx/nginx.conf。

在配置文件中找到下面两行配置。

```
worker_processes 4;
worker_connections 512;
```

上述配置值可以设置得高一些，特别是 worker_connections，因为现今大部分服务器的配置都可以提供更高支持。

内容分发网络（CDN）

CDN 网络通常服务于媒体文件，例如图片文件、.css 文件、.js 文件和音视频文件。这些文件会被缓存在各地的服务器上，这些服务器在地域上足够分散。当收到请求时，CDN 网络会选择最适合用户的最近节点，将内容下发给用户。

CDN 网络的特性如下。

- 由于内容是静态的，不频繁更改，因此CDN会将它们缓存在内存中。当某个文件的请求到达时，CDN直接从缓存中发送文件，这比从磁盘中加载文件并将其发送到浏览器更快。
- CDN服务器位于不同的位置。每个文件都存储在各自的位置，具体取决于CDN中的设置。当浏览器请求到达CDN时，CDN从所请求位置可用的最近位置发送请求内容。例如，如果CDN在伦敦、纽约和迪拜有服务器，请求来自中东，则CDN将从迪拜服务器发送内容，这样可以减少响应时间。
- 每个浏览器都具有向域发送同时请求的限制。大多数情况下，请求有三种。当响应到达请求时，浏览器向同一个域发送更多请求，这会导致页面加载延迟。CDN使用主域的DNS设置提供子域（其自己的子域或主域的子域），使浏览器能够为从不同域加载的相同内容发送更多并行请求，这也使得浏览器能够快速加载页面内容。
- 通常，存在对动态内容的少量请求和对静态内容的更多请求。如果应用程序的静态内容托管在单独的CDN服务器上，这将大大减少服务器的负载。

使用CDN

在应用中该如何使用CDN呢？比较好的方案是这样，如果应用的流量很大，则要创建很多个子域名用于你的CDN节点。例如，可以创建用于CSS和JavaScript文件的单独域用于图像的子域，以及用于音频/视频文件的另一个单独的子域。这样，浏览器将为每种内容类型发送并行请求。假设每种内容类型都有如下所示样式的网址。

- **For CSS and JavaScript**: `http://css-js.yourcdn.com`
- **For images**: `http://images.yourcdn.com`
- **For other media**: `http://media.yourcdn.com`

如今，大多数开源应用程序都在其管理面板上提供CDN URL的设置，但是如果你碰巧使用开源框架或自研应用程序,你可以通过在数据库中放置URL的前缀或通过加载全局配置文件的方式定义你专属的CDN设置。

我们将URL前缀放在一个config中，并为它们创建三个常量，如下所示。

```
Constant('CSS_JS_URL', 'http://css-js.yourcdn.com/');
```

```
Constant('IMAGES_URL', 'http://images.yourcdn.com/');
Constant('MEDiA_URL', 'http://css-js.yourcdn.com/');
```

此时若需要加载一个 CSS 文件，我们可以通过下面的代码来调用。

```
<script type="text/javascript" src="<?php echo CSS_JS_URL?>js/file.js”>
</script>
```

对于一个 JavaScript 文件，加载的方式如下。

```
<link rel="stylesheet" type="text/css" href="<?php echo CSS_JS_URL?>css/
file.css" />
```

如果我们加载图片文件，则可以在 img 标签的 src 属性中使用如下代码进行引用。

```
<img src="<?php echo IMAGES_URL ?>images/image.png" />
```

在上面的例子中，如果我们不想使用 CDN 或者想要更改 CDN URL，是非常方便的。

大多数有名的 JavaScript 库和模板引擎都将其静态资源托管在自己的 CDN 上。Google 在自己的 CDN 上托管查询库、字体和其他 JavaScript 库，可以直接在应用程序中引用并使用。

有时候，我们可能不想使用 CDN，或者是能够承载住流量压力。那么这种情况下，我们可以使用一种叫作域共享的技术。使用域共享技术，我们可以创建子域或指定其他域到同一服务器和应用程序上的资源目录中。技术与前面讨论的相同，唯一的区别是我们要自己将其他域或子域定向到媒体、CSS、JavaScript 和图像目录中。

这看起来貌似行得通，但不会比使用 CDN 的效果更佳。这是因为 CDN 根据客户的位置决定了内容的地理可用性，缓存广泛，优化网络中的文件传输。

CSS 与 JavaScript 优化

每个 Web 应用程序都会有 CSS 和 JavaScript 文件。现在大多数应用程序都包含很多 CSS 和 JavaScript 文件，用来增强应用的粘度与互动效果。每个 CSS 和 JavaScript 文件都需要浏览器向服务器发送请求，以获取文件内容。 因此，CSS 和 JavaScript 文件越多，浏览器需要发送的请求就越多，从而越容易影响其性能。

每个文件都有一个内容大小，浏览器下载它需要时间。例如我们有 10 个 10KB 的 CSS 文件和 10 个 50KB 的 JavaScript 文件，则 CSS 文件的总内容大小为 100KB，对于 JavaScript 来说，各种文件的大小为 500KB ~ 600KB。浏览器下载这些文件需要花费太多的时间。

> 性能在 Web 应用程序中起着至关重要的作用，甚至谷歌也很在意其查询性能。不要因为一个几 KB 的文件只需要 1 毫秒的下载时间就不去重视，因为涉及性能时每个毫秒都需要去关注。最好能优化、压缩和缓存一切。

在这一节中，我们将讨论两种针对 CSS、JavaScript 文件的优化手段。

- 合并
- 缩小

合并

在合并过程中，我们可以将所有 CSS 文件合并为一个文件，并且使用同样的方法对 JavaScript 文件进行合并，从而为 CSS 和 JavaScript 创建一个单独的文件。假如我们有 10 个 CSS 文件，浏览器要发送 10 个请求给所有这些文件。但是，如果我们将它们合并到一个文件中，浏览器只需发送一个请求即可，从而节省了 9 个请求所需的时间。

缩小

在缩小过程中，从 CSS 和 JavaScript 文件中删除所有空行、注释和额外空格。这样，文件尺寸大大减小，从而文件加载速度更快。

我们来看看下面这段 CSS 代码。

```
.header {
  width: 1000px;
  height: auto;
  padding: 10px
```

```
}

/* 让区域位于左侧 */
.float-left {
  float: left;
}

/* 让区域位于右侧 */
.float-right {
  float: right;
}
```

在缩小文件后，我们将得到如下所示的 CSS 代码。

```
.header{width:100px;height:auto;padding:10px}.float-left{float:left}.flo
at-right{float:right}
```

同样地，缩小文件的方法也可以用于 JavaScript 中，代码如下。

```
/* 在页面上显示一个弹框 */
$(document).ready(function() {
  alert("Page is loaded");
});

/* 三个数相加 */
function addNumbers(a, b, c) {
  return a + b + c;
}
```

在缩小文件后，得到如下 JavaScript 代码。

```
$(document).ready(function(){alert("Page is loaded")});function addNumbers
(a,b,c){return a+b+c;}
```

可以看到，在缩小后的代码中，所有不必要的空白空间和空白行都被去掉了。此外，该示例将完整的代码放在一行，所有代码注释也都被删除了。这种缩小尺寸的方法有助于快速装载，并且该文件将消耗更少的带宽，这在服务器资源有限的情况下是非常有用的。

大多数开源应用程序，如 Magento、Drupal 和 WordPress，对缩小文件提供了内置支持，或通过第三方插件/模块支持这一功能。在这里我们不介绍如何在这些应用程序中合并 CSS 或 JavaScript 文件了，只讨论一些可以合并 CSS 和 JavaScript 文件的工具。

Minify

Minify 是一组完全使用 PHP 编写的库。Minify 支持 CSS、JavaScript 文件的合并与缩小，代码是完全面向对象和命名空间的，所以它可以嵌入任何当前流行或自主研发的框架中。

> Minify 主页地址是 `http://minifier.org`，同时它也被托管在 GitHub 上，地址是 `https://github.com/matthiasmullie/minify`。要注意的是，Minify 库依赖于同一个作者所写的路径转换库，路径转换器库可以从 `https://github.com/matthiasmullie/path-converter` 下载，下载此库并将其放置在与 minify 库相同的文件夹中即可。

现在创建一个小项目，我们将缩小和合并 CSS 与 JavaScript 文件。项目的文件夹结构如下图所示。

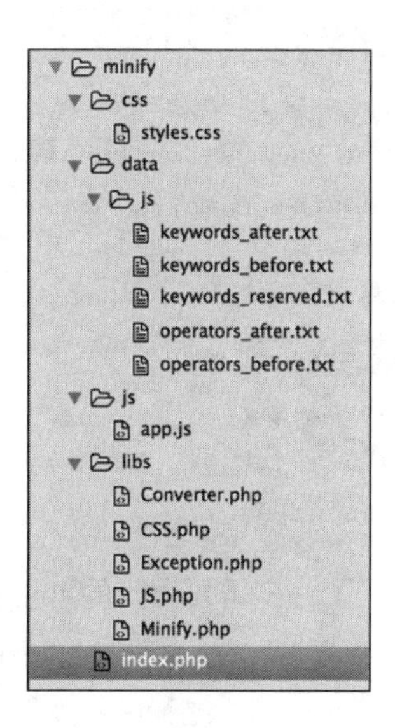

上图显示了完整的项目结构。项目名称为 minify。css 文件夹中包含所有 CSS 文件，包括最小化后的文件与合并后的文件。同样，js 文件夹中包含所有 JavaScript 文件，也包括最小化后的文件与合并后的文件。libs 文件夹中包含 Minify 库以及 Converter 库。Index.php 中是缩小和合并 CSS 与 JavaScript 文件的主要代码。

项目树中的 data 文件夹都是 JS 最小化后的内容。由于 JavaScript 的关键字需要前后都有空格，因此这些.txt 文件可以用于标识它们。

下面，我们用 index.php 中的代码缩小 CSS 和 JavaScript 文件。

```
include('libs/Converter.php');
include('libs/Minify.php');
include('libs/CSS.php');
include('libs/JS.php');
include('libs/Exception.php');

use MatthiasMullie\Minify;

/* 最小化CSS */
$cssSourcePath = 'css/styles.css';
$cssOutputPath = 'css/styles.min.css';
$cssMinifier = new Minify\CSS($cssSourcePath);
$cssMinifier->minify($cssOutputPath);

/* 最小化JS */
$jsSourcePath = 'js/app.js';
$jsOutputPath = 'js/app.min.js';
$jsMinifier = new Minify\JS($jsSourcePath);
$jsMinifier->minify($jsOutputPath);
```

这段代码比较简单。首先引入了许多需要用到的 lib 库文件。然后，在 Minify CSS 代码段中指定了两个文件路径，一个是原 CSS 文件地址，用变量$cssSourcePath 标识，另一个是最小化后的 CSS 文件地址，用变量$cssOutputPath 标识。之后，实例化了一个 CSS.php 类的对象，并传递了需要缩小的 CSS 文件。最后，调用 CSS 类的 minify 方法，并与文件名一起传递输出路径，这将生成所需的最小化后的文件。

同样的办法也可以用来处理 JS 文件。

在所有的文件都存在的情况下运行上面的 PHP 代码，运行后，两个新的文件名将被创建，即 styles.min.css 和 app.min.js。这些是原始文件的最新最小化的版本。

现在，我们使用 Minify 来合并多个 CSS 和 JavaScript 文件。首先，将一些 CSS 和 JavaScript 文件添加到项目的相应文件夹中。然后只需要添加一点代码到当前的代码段中即可。在下面的代码中，我将跳过所有的库，但当你使用 Minify 时必须要加载这些文件。

```
/* 最小化CSS */
$cssSourcePath = 'css/styles.css';
$cssOutputPath = 'css/styles.min.merged.css';
$cssMinifier = new Minify\CSS($cssSourcePath);
$cssMinifier->add('css/style.css');
$cssMinifier->add('css/forms.js');
$cssMinifier->minify($cssOutputPath);

/* 最小化JS */
$jsSourcePath = 'js/app.js';
$jsOutputPath = 'js/app.min.merged.js';
$jsMinifier = new Minify\JS($jsSourcePath);
$jsMinifier->add('js/checkout.js');
$jsMinifier->minify($jsOutputPath);
```

看一下加粗显示的代码。在 CSS 部分，我们将缩小的文件和合并文件保存为 style.min.merged.css，命名不重要，这完全取决于我们自己的意愿。

现在，我们将使用$cssMinifier 和$jsMinifier 对象的 add 方法添加新文件，然后调用 minify。这将使所有附加文件合并到初始文件中，然后生成单个合并的缩小文件。

Grunt

根据官网介绍,Grunt 是一个 JavaScript 任务运行器,它能够将某些重复的任务自动化,避免反复工作。Grunt 是一个非常好的工具，并被程序员们广泛使用。

安装 Grunt 非常简单。这里我们介绍将它安装在 MAC OS X 系统上的流程，在 Linux 系统（如 Debian、Ubuntu）上安装的方法与之相似。

Grunt 需要 Node.js 和 npm。安装和配置 Node.js 和 npm 超出了本书的范围，因此在本书中我们假设这些工具已经安装完毕，你可以通过搜索资料来学习它们，并了解如何安装它们。

假设 Node.js 与 npm 已经安装在你的计算机上，首先执行下面的命令。

```
sudo nom install -g grunt
```

执行后将会安装 Grunt 命令行客户端。执行结束后，使用如下命令查看 Grunt 的版本信息。

```
grunt -version
```

输出信息显示 `grunt-cli v0.1.13`，表明这是当前的 Grunt 版本。

Grunt 为使用者提供了命令行，使大家能够运行 Grunt 命令。Grunt 项目需要项目文件树中的两个文件：一个是 `package.json`，由 npm 使用，并列出 Grunt 和项目需要的 Grunt 插件，例如 DevDependencies；另一个是 `GruntFile`，可以分为 `GruntFile.js` 或 `GruntFile.coffee`，用于配置 Grunt 及其插件。

现在我们依然使用前面的项目示例，但是目录结构有所变化。

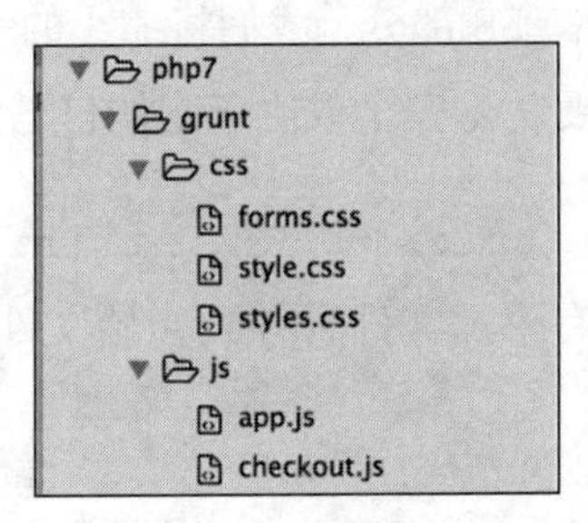

打开命令行终端，以 root 权限身份执行如下命令。

```
sudo npm init
```

在终端中交互式地回复几个问题，将生成一个 package.json 文件。打开 package.json 文件并且按如下内容修改配置。

```
{
  "name" : "grunt"  //项目名
  "version : "1.0.0" //项目版本
  "description" : "Minify and Merge JS and CSS file",
  "main" : "index.js",
  "DevDependencies" : {
    "grunt" : "0.4.1", //Grunt版本

    //Concat插件用于合并css和js文件
    "grunt-contrib-concat" : "0.1.3"

    //CSS最小化插件
    "grunt-contrib-cssmin" : "0.6.1",

    //Uglify插件用于缩小JS文件.
    "grunt-contrib-uglify" : "0.2.0"

  },
"author" : "Altaf Hussain",
"license" : ""
}
```

代码中添加了一些注释方便大家理解。但在最终部署使用时，这些内容会被删除。

我们找到 DevDependencies 处的配置，添加三个 Grunt 插件。

最后一步是添加 GruntFile 文件，创建一个 GruntFile.js 文件放在项目的根目录下，填写内容如下。

```
module.exports = function(grunt) {
    /*加载package.json文件*/
    pkg: grunt.file.readJSON('package.json'),
  /*默认Tasks*/
  grunt.initConfig({
     concat: {
        css: {
           src: [
           'css/*' //加载CSS目录下的所有文件
],
           dest: 'dest/combined.css' //最终组合成的目标文件.
    }, //CSS结束
js: {
    src: [
    'js/*' //加载所有的JS
],
    dest: 'dest/combined.js' //最终组合成的目标文件.
}, //js结束

}, //End of concat
cssmin:  {
  css: {
    src : 'dest/combined.css',
    dest : 'dest/combined.min.css'
}
},//cssmin结束
uglify: {
  js: {
    files: {
      'dest/combined.min.js' : ['dest/combined.js'] //目标地址
        Path : [src path]
    }
  }
```

```
} //uglify结束

}); //initConfig结束

grunt.loadNpmTasks('grunt-contrib-concat');
grunt.loadNpmTasks('grunt-contrib-uglify');
grunt.loadNpmTasks('grunt-contrib-cssmin');
grunt.registerTask('default', ['concat:css', 'concat:js',
  'cssmin:css', 'uglify:js']);

}; //module.exports结束
```

上面的代码清晰明了，关键环节也添加了注释。代码开始处引入了 package.json 文件，之后定义了不同的任务及其源文件和目标文件。要知道，每一个任务的源与目标语法都不相同，这取决于插件。在 initConfig 区块后，我们加载了不同的插件与 npm 任务，之后将它们注册到了 GRUNT 中。

运行任务。

首先合并 CSS 与 JavaScript 文件并保存到被定义的目标地址，使用如下命令。

```
grunt concat
```

运行上面的命令后，如果看到 Done、without errors，说明任务顺利执行。

同样地，使用如下代码最小化 CSS 文件。

```
grunt cssmin
```

之后，通过下面这行命令优化 JavaScript 文件。

```
grunt uglify
```

至此，我们已经使用 Grunt 进行了不少操作，它还提供了其他更多功能，可以使开发人员节省很多时间。例如，如果需要更改 JavaScript 和 CSS 文件怎么办？要再次运行上述所有命令吗？不，Grunt 提供了一个 watch 插件，可以激活并执行任务目标路径中的所有文件，无论发生什么更改，它都会自动运行起来。

更多的细节可以查看 Grunt 的官方网站：`http://gruntjs.com/`。

全页缓存

在全页缓存中，网站的完整页面存储在缓存中，为下一个请求提供此缓存页面。如果你的网站内容不经常更改，那么全页缓存效果更好。例如，在一个具有简单帖子的博客上每周添加新帖时，可以在添加后清除缓存。

如果你的网站包含具有动态部分的网页（如电子商务网站），该怎么办呢？在这种情况下，全站采用全页面缓存的方式会产生问题，因为每个请求的页面总是不同的，用户登录后可以将产品添加到购物车等。在这种情况下，使用全页缓存可能不是那么容易。

大多数的平台通过内置支持或通过插件和模块实现全页缓存。在这种情况下，插件或模块为每个请求处理页面的动态区域。

Varnish

Varnish，正如其官方网站上所描述的，能使你的网站速度飞起来！Varnish 是一个开源的 Web 应用程序加速器，在 Web 服务器软件之前运行。它必须配置在端口 80 上，这样才能使每个请求都到达。

现在，Varnish 配置文件（带`.vcl`扩展名的 VCL 文件）定义了下游。下游是另一个端口（如 8080）上配置的 Web 服务器（Apache 或 Nginx），可以定义多个后端，由 Varnish 负责负载平衡。

当请求到达 Varnish 时，它检查该请求的数据在其高速缓存中是否可用。如果有缓存的数据，则将缓存的数据返回请求，并且没有请求发送到 Web 服务器或下游。如果 Varnish 在其缓存中未找到任何数据，则会向 Web 服务器发送数据请求，当它从 Web 服务器接收到数据时，首先缓存此数据，然后将其返回请求。

前面的讨论中清楚地讲到，如果清除缓存中的数据，则不需要对web服务器进行请求，因此可以快速返回结果。

Varnish 同样提供了负载平衡和运行状况检查等功能。此外，Varnish 不支持 SSL 和 cookies。如果 Varnish 从 Web 服务器或后端接收到 cookies，则不会缓存此页面。不过，这些问题都有很多方法可以解决。

前面说了不少理论，现在，让我们通过以下步骤在 Debian/Ubuntu 服务器上安装 Varnish。

1. 添加 Varnish 的镜像源，命令如下。

```
deb https://repo.varnish-cache.org/debian/ Jessie varnish-4.1
```

2. 输入下面的命令更新源。

```
sudo apt-get update
```

3. 通过下面的命令安装。

```
sudo apt-get install varnish
```

4. 执行上述命令将开始下载并且安装 Varnish。首先要做的是配置 Varnish 监听 80 端口，并且让你的 Web 服务器监听另外一个端口，例如 8080 端口。这里我们通过修改 Nginx 的配置来实现。

5. 打开 Varnish 的配置文件/etc/default/varnish，修改响应配置如下。

```
DAEMON_OPS="-a :80\
  -T localhost:6082 \
  -f /etc/varnish/default.vcl \
  -S /etc/varnish/secret \
  -s malloc,256m"
```

6. 通过下面的命令保存文件并重启 Varnish。

```
sudo service varnish restart
```

7. 现在，Varnish 正在监听 80 端口，此时我们需要将 Nginx 配置为监听 8080 端口，修改 Nginx 的 vhost 配置文件即可实现。

```
listen 8080;
```

8. 重启 Nginx 来加载这份配置。

```
sudo service nginx restart
```

9. 配置 Varnish VCL 文件并且添加下游地址与端口信息，编辑 Varnish VCL 文件，默认文件地址是/etc/varnish/default.vcl，配置方法如下。

```
backend default{
  .host = "127.0.0.1";
  .port = "8080";
}
```

在这段代码中，我们配置了后端下游的服务器地址与端口信息，这里的 127.0.0.1 换成 localhost 也是可以的。如果下游是非本机地址，这里要填写计算机的 IP 信息。

此时，Varnish 的配置就完成了。重启 Varnish 与 Nginx，通过浏览器访问服务器 IP 或主机名。第一次请求可能会慢一点，因为 Varnish 需要缓存数据。但之后相同的请求就能节约很多时间，因为 Varnish 缓存了这个内容，并且没有与后端下游进行交互。

Varnish 中具有一个可以轻松监视 Varnish 缓存状态的工具。它是一个实时工具，实时更新其内容，被称为 varnishstat。若要启动 varnishstat，只需在终端执行如下命令即可。

```
varnishstat
```

执行这行命令将会显示如下图所示的内容。

```
NAME                      CURRENT      CHANGE      AVERAGE      AVG_10     AVG_100    AVG_1000
MAIN.uptime            0+00:18:43
MAIN.sess_conn                107        0.00            .        0.00        0.10        0.18
MAIN.client_req              1368        0.00         1.00        0.00        1.25        2.28
MAIN.cache_hit                867        0.00            .        0.00        0.81        1.68
MAIN.cache_miss               454        0.00            .        0.00        0.35        0.48
MAIN.backend_reuse            540        0.00            .        0.00        0.46        0.68
MAIN.backend_recycle          556        0.00            .        0.00        0.48        0.70
MAIN.fetch_length             381        0.00            .        0.00        0.29        0.41
MAIN.fetch_chunked            105        0.00            .        0.00        0.10        0.15
MAIN.fetch_304                 70        0.00            .        0.00        0.08        0.14
MAIN.pools                      2        0.00            .        2.00        2.00        2.00
MAIN.threads                  200        0.00            .      200.00      200.00      200.00
MAIN.threads_created          200        0.00            .        0.00        0.00        0.00
MAIN.n_object                 431        0.00            .      431.01      402.38      371.67
MAIN.n_objectcore             436        0.00            .      436.01      403.94      371.70
MAIN.n_objecthead             441        0.00            .      441.08      413.18      381.57
MAIN.n_backend                  1        0.00            .        1.00        1.00        1.00
MAIN.n_expired                 23        0.00            .       22.99       21.20       19.78
MAIN.s_sess                   107        0.00            .        0.00        0.10        0.18
MAIN.s_req                   1368        0.00         1.00        0.00        1.25        2.28
MAIN.s_pass                    86        0.00            .        0.00        0.12        0.17
MAIN.s_fetch                  540        0.00            .        0.00        0.47        0.65
MAIN.s_req_hdrbytes         1.54M        0.00        1.40K        0.05       1.42K       2.61K
MAIN.s_req_bodybytes        1.06K        0.00            .        0.00        1.46        1.81
MAIN.s_resp_hdrbytes      578.96K        0.00       527.00        0.02      534.70      969.56
MAIN.s_resp_bodybytes       3.15M        0.00        2.88K        0.04       1.84K       3.22K
MAIN.backend_req              556        0.00            .        0.00        0.48        0.70
vvv MAIN.uptime                                                           INFO   1-27/48
```

从上面的截图中可以看出，它显示了非常多有用的信息，例如运行时间、开头请求的数量、缓存命中、缓存未命中、所有后端、后端重用等，我们可以根据这些信息调整 Varnish 使其达到最佳性能。

完整的 Varnish 配置已经超越了本书的范畴，但是 Varnish 官方网站有非常全面的文档，地址是 https://www.varnish-cache.org。

基础设施

我们讨论了太多通过增加其他程序来提升性能的方案，现在来谈谈程序的可扩展性和可用性。随着时间的推移，我们的应用程序上的流量可能会一次性增加到上千万的用户。如果应用程序在单个服务器上运行，性能将受到很大影响。此外，保持应用程序的单点运行不是好的方案，若此时服务器异常，程序也无法提供服务。

为了使应用程序更具可扩展性和可用性，我们可以在架构上进行调整，例如可以在多个服务器上部署程序。另外，我们可以在不同的服务器上部署应用程序的不同部分。为了更好理解，请看下图。

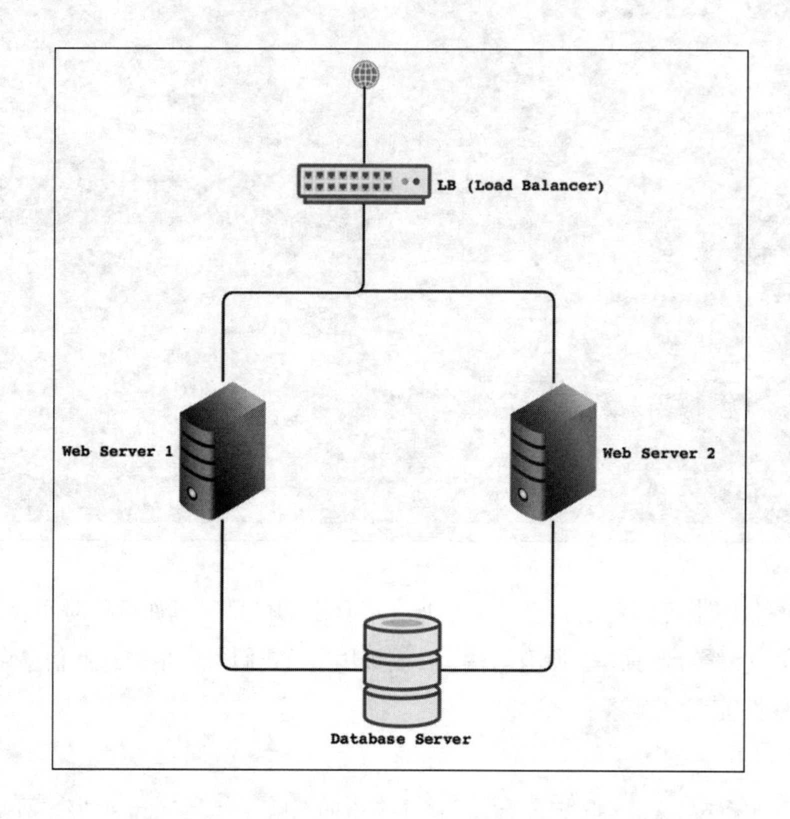

这是一种常见的架构方案。接下来介绍一下它的构成，看看有哪些操作可以提升性能。

只有负载平衡器（LB）会连接到公共网络，其余部分可以通过机架中的专用网络连接到每个机器。如果机架网络允许这样做，那将非常好，因为所有服务器之间的通信都将会在专用网络上，内网更安全。

Web 服务器

上图中有两个 Web 服务器。可以根据需要尽可能多地部署 Web 服务器，它们可以很容易地连接到LB。Web服务器将承载应用程序的运行，而且应用程序将会与Nginx/Apache、PHP 7一起运行在Web服务器上。本章中讨论的所有性能调整都可以在这些Web服务器上使用。此外，这些服务器不必监听80端口。Web服务器监听另一个端口是有好处的，这样可以避免使用浏览器进行任何公共访问。

数据库服务器

数据库服务器主要用于安装和运行MySQL或Percona Server数据库，但是架构中常常将数据库放在一台机器中。为此，我们可以在数据库服务器上安装Redis服务用于处理应用程序的会话数据。

之前的架构设计不是一个完美的设计，只是给出了一个多服务器应用程序部署的想法。它有很多改进的空间，例如为数据库集群添加另一个本地备库服务器，或者是添加更多的Web服务器。

负载均衡（LB）

第一部分是**负载均衡器（LB）**。负载均衡是指，根据每个Web服务器上的负载情况，将外网流量以一定规则分发给Web服务器。

对于负载均衡，可以使用广泛运用的HAProxy。HAProxy会检查每个Web服务器的运行状况，如果Web服务器关闭，它会自动将此Web服务器的流量重定向到其他可用的Web服务器上。为此，只有LB会监听端口80。

我们不想将外部的SSL请求传递到Web服务器（在以上例子中是两个Web服务器），那样会加重Web服务器的负载，因此需要在HAProxy服务器上终结SSL。当LB收到带有SSL的请求时，将转换SSL请求并向其中一个Web服务器发送正常请求。当HAProxy接收到响应时，它将加密响应并将其发送回客户端。这样，就不会让两个Web服务器同时进行SSL加密/解密，只有一个LB服务器在做此事。

Varnish也可以用作负载均衡器，但这有点牵强，因为Varnish的核心目的是HTTP缓存。

HAProxy 负载均衡

在前面的架构中，我们在 Web 服务器前放置了一个负载均衡，它可以平衡每个服务器上的负载，检查每个服务器的运行状况，并转换 SSL 请求与返回。下面，我们一起来看看如何安装并配置 HAProxy 来实现上述功能。

HAProxy 安装

在 Debian/Ubuntu 上安装 HAProxy。在写这本书时，HAProxy 1.6 版本是最新的稳定版本。执行以下步骤安装 HAProxy。

1. 通过以下命令更新源数据。

```
sudo apt-get update
```

2. 通过输入以下命令安装 HAProxy。

```
sudo apt-get install haproxy
```

这将开始安装 haproxy 程序。

3. 安装完后，我们看看 HAProxy 的版本信息。

```
haproxy -v
```

```
~ # haproxy -v
HA-Proxy version 1.5.8 2014/10/31
Copyright 2000-2014 Willy Tarreau <w@1wt.eu>


~ # |
```

如果你的显示器上也出现了上图所示的内容，那么恭喜你，HAProxy 安装成功了。

HAProxy 负载均衡

接下来介绍如何使用 HAProxy。你需要以下三台服务器。

- 首先需要有一台安装了 HAProxy 的服务器，我们且称之为 LB。在本书的实践过程中，这台 LB 服务器的 IP 是 10.211.55.1。这台 LB 机器监听 80 端口，并且所有 HTTP 请求将会落到这台服务器上。实际上，这台机器此时就是所有请求的承载服务器，是最前端的机器。
- 其次需要一个 Web 服务器，此处称之为 Web1。它安装了 Nginx、PHP 7、MySQL 或者 Percona Server 数据库程序。这台机器的 IP 地址是 10.211.55.2。这台机器不需要监听 80 或者其他端口，我们让它监听 8080 端口。
- 最后，第三台服务器，此处称之为 Web2，它的 IP 为 10.211.55.3。这台服务器上安装程序的情况与 Web1 保持一致，并且也监听 8080 端口。

Web1 与 Web2 服务器被称为后端服务器，我们先配置 LB 服务器监听 80 端口。

打开 `haproxy.cfg` 配置文件，位于目录`/etc/haproxy` 下。在配置文件中添加以下配置。

```
frontend http
  bind *:80
  mode http
  default_backend web-backends
```

上面配置了 HAProxy 监听 80 端口，来源 IP 为所有 IP 地址。接下来配置默认的后端服务器。

现在配置两台后端 Web 服务器到这份配置文件中，最后添加以下配置。

```
backend web-backend
  mode http
  balance roundrobin
  option forwardfor
  server web1 10.211.55.2:8080 check
  server web2 10.211.55.3:8080 check
```

上面的配置中，我们在 Web 后端添加了两个服务器。

后端的引用名是 web-backend，它也在前端配置中使用。我们知道两个 Web 服务器都在监听 8080 端口，所以在每台 Web 服务器的配置行中都配置了 8080 端口。此外，在每个 Web 服务器的定义结束时都使用 check 配置项，告诉 HAProxy 检查服务器的运行状况。

使用以下命令重启 HAProxy。

```
sudo service haproxy restart
```

启动 HAProxy，可以使用 sudo service haproxy start 命令。停止 HAProxy，可以使用 sudo service haproxy stop 命令。

现在，在浏览器中输入 LB 服务器的 IP 或主机名，Web 应用程序页面将从 Web1 或 Web2 获取数据并显示出来。

停用任意一个 Web 服务器，然后重新加载页面。应用程序仍然可以工作，因为 HAProxy 自动检测到其中一个 Web 服务器已关闭，并将流量重定向到第二个 Web 服务器中。

HAProxy 还提供了一个可以通过浏览器来查看的 stats 页面，该页面可以显示关于 LB 和所有后端的完整状态信息。要启用 stats，需要打开 haprox.cfg，并将以下代码置于文件末尾。

```
listen stats *:1434
  stats enable
  stats uri /haproxy-stats
  stats auth phpuser:packtPassword
```

Stats 服务运行在 1434 端口上，这个端口可以任意配置，uri 信息也可以任意设置。auth 信息用于基本的 Web 验证，可以随意设置。设置后请保存并重启 HAProxy。现在，打开浏览器并输入 url 10.211.55.1:1434/haproxy-stats，Stats 的页面如下。

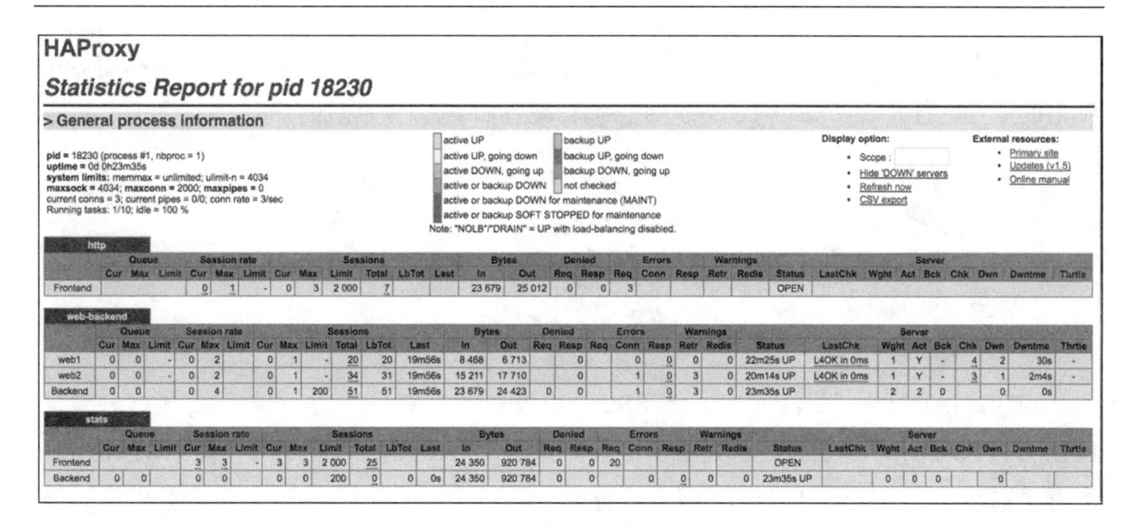

从上图中可以看到每个后端 Web 服务器以及前端信息。

此外，如果 Web 服务器关闭，HAProxy 统计将突出显示 Web 服务器的行信息，如下图所示。

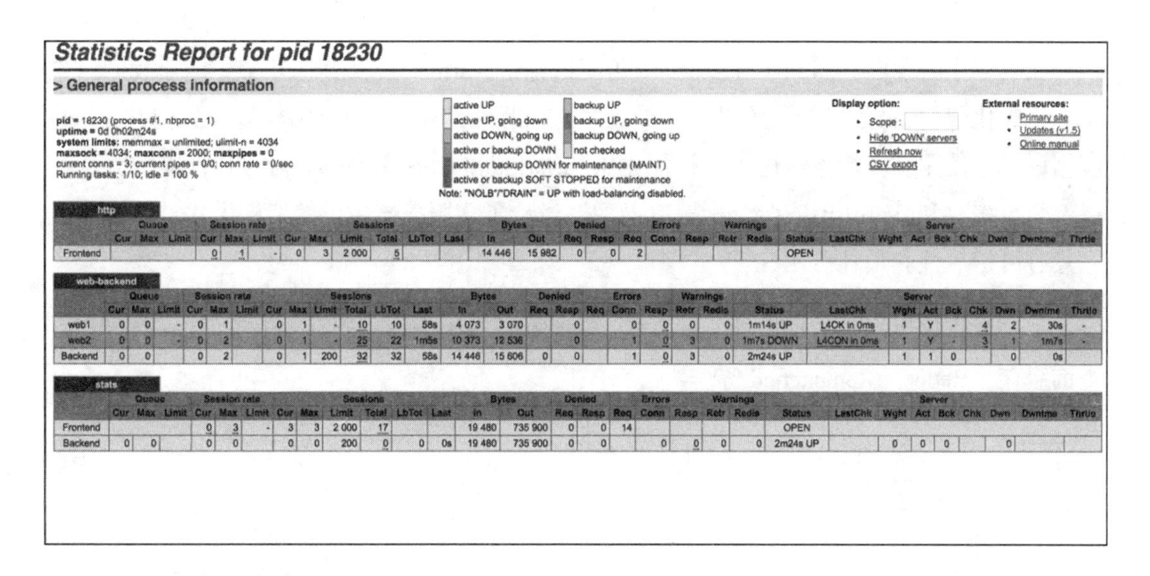

为了测试，我们在 Web2 服务器上停止 Nginx 并刷新 stats 页面，后端部分中的 Web2 服务器行信息被突出显示。

要使用 HAProxy 转换 SSL，也很简单。我们需要添加 SSL 绑定 443 端口并且指定 SSL 证书的位置。打开 haproxy.cfg 文件，编辑配置如下，特别是加粗部分。

```
frontend http
bind *:80
bind *:443 ssl crt /etc/ssl/www.domain.crt
  mode http
  default_backend web-backends
```

现在，HAProxy 开始监听 443，当 SSL 请求发送到 HAProxy 时，会在内部做好转换，所以 HTTPS 请求不会被发送到后端服务器。这样，SSL 加密/解密的环节可以从 Web 服务器中删除，并且仅由 HAProxy 服务器管理。由于 SSL 在 HAProxy 服务器处转换，因此 Web 服务器无须再监听 443 端口，因为接受到的请求都是来自 HAProxy 的传统 HTTP 请求。

本章小结

在本章中，我们从 Nginx 和 Apache 角度讨论了 Varnish 以及其他几个主题。我们讨论了如何优化 Web 服务器的设置以获得最佳性能，此外，还讨论了 CDN 以及如何在 Client 应用程序中使用它。接着讨论了两种优化 JavaScript 和 CSS 文件以获得最佳性能的方法，以及全页缓存和 Varnish 安装、配置。最后，讨论了多服务器主机的架构模式，使应用程序具有可扩展性和最佳可用性。

下一章将探讨提高数据库性能的方法。包括 Percona Server、数据库中不同的存储引擎、查询缓存、Redis、Memcached 等。

4 提升数据库性能

数据库在动态网站中扮演着一个关键的角色，所有流入流出的数据都会和数据库进行交互。因此，如果 PHP 应用的数据库没有进行较好的设计或优化，其性能将会受到非常大的影响。在本章中，我们将会讨论优化 PHP 应用数据库的各种方法，主要包括以下内容：

- MySQL
- 查询缓存（Query Caching）
- MyISAM 和 InnoDB 存储引擎
- Percona 数据库和 Percona XtraDB 存储引擎
- MySQL 性能监控工具
- Redis
- Memcached

MySQL 数据库

MySQL 是 Web 应用中使用最为广泛的**关系型数据库管理系统**（**Relational Database Management System，RDMS**）。MySQL 是开源的，有免费的社区版本。企业级数据库能提供的特性，MySQL 都能提供。

MySQL 安装完成后的默认设置所提供的性能并不是最优的，我们总有办法对其进行进一步优化，提升性能。切记，数据库设计是影响性能的关键因素，设计很糟糕的数据库会对整个性能造成严重影响。

在本节中，我们将讨论如何提升 MySQL 数据库的性能。

修改 MySQL 配置文件 my.cnf。在不同的操作系统上，my.cnf 文件的位置不同。如果使用 XAMPP、WAMP 或其他 Windows 上的跨平台 Web 服务端解决方案安装包，此文件会存在于各自的安装目录中。当提到 my.cnf 文件时，假设它已经被打开，而无论使用何种操作系统。

查询缓存（Query Caching）

查询缓存是 MySQL 的一个重要性能特性，它缓存了 SELECT 查询及其结果数据集。当一个同样的 SELECT 查询发生时，MySQL 从内存中直接取出结果，这样就加快了查询的执行速度，同时减小了数据库的压力。

若要查看 MySQL 服务器上的查询缓存是否已经打开，要在 MySQL 命令行界面执行以下命令。

```
SHOW VARIABLES LIKE 'have_query_cache';
```

执行上述命令将会输出如下结果。

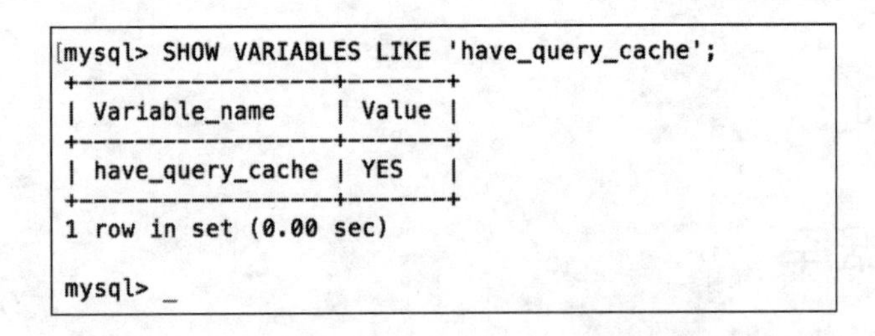

```
mysql> SHOW VARIABLES LIKE 'have_query_cache';
+------------------+-------+
| Variable_name    | Value |
+------------------+-------+
| have_query_cache | YES   |
+------------------+-------+
1 row in set (0.00 sec)

mysql> _
```

上面的结果显示查询缓存已经开启。如果查询缓存是关闭的，变量的值会是 NO。

若要开启查询缓存，可以打开 my.cnf 文件，并输入以下内容。如果已经有这些内容但是包含注释，则去除注释即可。

```
query_cache_type = 1
```

```
query_cache_size = 128MB
query_cache_limit = 1MB
```

保存 my.conf 文件，重启 MySQL 服务器。我们来逐行看看上述配置代码的含义。

- query_cache_type：这是个容易迷惑人的选项。
  - 如果 query_cache_type 被设置为 1 并且 query_cache_size 为 0，则不会分配任何内存空间，查询缓存被禁用；如果 query_cache_size 值大于 0，那么就开启了查询缓存，并且分配了内存空间。所有不超过 query_cache_limit 值的查询，或者使用 SQL_NO_CACHE 选项的查询，都会被缓存。
  - 如果 query_cache_type 被设置为 0 并且 query_cache_size 为 0，则不会分配任何内存空间，查询缓存被禁用；如果 query_cache_size 值大于 0，内存将会分配，但是不缓存任何数据，查询缓存被禁用。
- query_cache_size：这个选项表示将会分配多少内存。
  - 有人认为内存分配越多就越好，这是一个误区。这个选项值依赖数据库体积、查询类型和读写比例、硬件、数据库流量和其他因素。query_cache_size 较合适的值是在 100 MB 和 200 MB 之间。然后，我们就能监控性能，并如上文所说调整查询缓存依赖的其他变量的值。我们对一个中等流量的 Magento 站点使用了 128 MB 的配置值，它工作得非常好。将这个值设置为 0 可以关闭查询缓存。
- query_cache_limit：定义了能被缓存的查询结果的最大体积。
  - 如果查询结果的体积大于这个值，将不会被缓存。这个配置值可以通过找到最大的 SELECT 查询结果的体积而推测出来。

存储引擎

存储引擎（又称表类型）是 MySQL 的核心部分，负责处理表的操作。MySQL 提供了多个存储引擎，使用最广泛的是 MyISAM 和 InnoDB。MyISAM 和 InnoDB 都有各自的优缺点，但是 InnoDB 始终是优先选择项。MySQL 从 5.5 版本开始使用 InnoDB 作为默认的存储引擎。

> MySQL 还提供一些有各自用途的其他存储引擎。在数据库设置过程中，对表应该使用哪种存储引擎可以被决策。MySQL 5.6 的完整存储引擎列表详见 http://dev.mysql.com/doc/refman/5.6/en/storage-engines.html。

可以在数据库级别设置存储引擎，然后将其用作每一张新创建的表的默认存储引擎。要注意的是，存储引擎是表的根基，同一个数据库中不同的表可以设置不同的存储引擎。如果我们有一张已经创建的表，并希望更改它的存储引擎，该怎么做呢？非常简单，例如我们的表名是 pkt_users，它的存储引擎是 MyISAM，我们想要改为 InnoDB，使用如下 MySQL 命令即可。

```
ALTER TABLE pkt_users ENGINE=INNODB;
```

这将修改表的存储引擎为 INNODB。

下面，我们来讨论使用最为广泛的两个存储引擎 MyISAM 和 InnoDB 的不同之处。

MyISAM 存储引擎

MyISAM 支持或不支持的简要特性列表。

- MyISAM 为速度而设计，和 SELECT 搭配起来使用更好。
- 如果表的数据偏向静态，即表中的数据不经常更新/删除，大多仅仅是查询操作，那么使用 MyISAM 是最好的选择。
- MyISAM 支持表级锁，如果要在表中的数据上执行一个特定的操作，那么整张表可以被锁起来。在上锁期间，表上不能进行其他的操作。如果表是偏向动态的，即数据会经常变更，则会引起性能降级。
- MyISAM 支持全文检索。
- MyISAM 支持数据压缩、自我复制、查询缓存、数据加密。
- MyISAM 不支持外键。
- MyISAM 不支持事务，所以没有 COMMIT 和 ROLLBACK 操作。如果表上执行了一个查询，则没有回退的余地。
- MyISAM 不支持集群数据库。

InnoDB 存储引擎

InnoDB 支持或不支持的简要特性列表。

- InnoDB 是为高可靠性和高性能而设计的，适合处理大量数据。
- InnoDB 支持行级锁。这是个很棒的特性，对提升性能很有帮助。不同于 MyISAM 对整个表上锁，InnoDB 只对 `SELECT`、`DELETE` 或 `UPDATE` 操作的特定数据行上锁。在上锁期间，表中的其他数据依然能被操作。
- InnoDB 支持外键，对外键约束强制。
- InnoDB 支持事务，可以执行 COMMIT 和 ROLLBACK 操作，因此一个事务中的数据变化可以回退。
- InnoDB 支持数据压缩、自我复制、查询缓存、数据加密。
- InnoDB 可以用在集群环境，但是并没有完全支持。不过，InnoDB 表可以转换为 NDB 存储引擎，这样就能用在集群环境

在下面的几节中，我们将讨论与 InnoDB 相关的更多性能特性。以下配置的值是在 `my.cnf` 文件中设置的。

innodb_buffer_pool_size

这个配置定义了 InnoDB 数据和载入内存的索引可以使用多少内存空间。对于一个“全职”的 MySQL 服务器，推荐此配置值为服务器安装内存的 50%~80%。如果这个值设置得过高，操作系统和 MySQL 的其他子系统（例如事务日志）将会没有内存可用。所以，请打开 `my.cnf` 文件，搜索 `innodb_buffer_pool_size`，将其值设置到推荐的值之间（RAM 内存的 50% ~ 80%）。

innodb_buffer_pool_instances

这个特性应用得不太广泛。它使得多个缓冲区池实例能相互配合，以此来减少在 64 位系统以及 `innodb_buffer_pool_size` 较大时出现内存竞争的可能性。

计算 `innodb_buffer_pool_size` 的值有不同的方法。其中一种方法是每 GB 采用一个实例 `innodb_buffer_pool_size`。所以，如果 `innodb_buffer_pool_size` 是

16GB，我们可以设置 `innodb_buffer_pool_instances` 的值为 16。

innodb_log_file_size

`Innodb_log_file_size` 用于设置记录查询信息的日志文件的大小。对于一个“全职”的服务器，最大的安全值是 4GB，如果日志文件太大，用于崩溃后恢复的时间就会增加。所以最好是将其值设置到 1GB 到 4GB 之间。

Percona Server - MySQL 的 fork

根据 Percona 官方网站的介绍，Percona 是免费、开源的数据库，对 MySQL 完全兼容且提供加强功能，可完全代替 MySQL 并能提供更好的文档、性能、扩展性。

Percona 由 MySQL 衍生而来，支持 MySQL 的所有特性，并在此基础上拥有更多的功能和更好的性能。Percona 使用一种改进的存储引擎，称为 XtraDB。根据 Percona 官网的介绍，XtraDB 是 InnoDB 的加强版，有更多的特性和更快的速度，在现代硬件上有着更好的扩展性，Percona XtraDB 在高负载环境下使用内存的效率也更高。

之前提到过，XtraDB 是 InnoDB 的衍生，因此 XtraDB 可以提供 InnoDB 所有的功能。

安装 Percona 服务器

Percona 只能在 Linux 系统上使用，目前不能在 Windows 系统上使用。我们将在 Debian 8 上安装 Percona 服务器。对于 Ubuntu 和 Debian 来说安装步骤是一样的。

要在其他 Linux 发行版本上安装 Percona 服务器，可以参考 Percona 安装手册，地址是 `https://www.percona.com/doc/percona-server/5.5/installation.html`。目前，此手册提供在 Debian、Ubuntu、CentOS 和 RHEL 上的安装指导，也提供从源码和 Git 安装 Percona 的方法。

下面通过以下步骤来安装 Percona 服务器。

1. 在终端中使用如下命令打开 sources.list 文件。

```
sudo nano /etc/apt/sources.list
```

如果提示需要密码，就输入你的 Debian 系统密码，文件将会被打开。

2. 在文件最后输入如下仓库信息。

```
deb http://repo.percona.com/apt jessie main
deb-src http://repo.percona.com/apt jessie main
```

3. 按 *CTRL+O* 来保存文件，再按 *CTRL+X* 关闭文件。

4. 在终端中使用如下命令来更新系统。

```
sudo apt-get update
```

5. 在终端中使用如下命令来启动安装。

```
sudo apt-get install percona-server-server-5.5
```

6. 安装将会开始，这和安装 MySQL 服务器的过程是一样的。安装过程中将会要求设置 Percona 服务器的 root 密码，安装结束之后便可以像使用 MySQL 服务器一样使用 Percona 服务器了。

7. 如上一节所描述的，配置并优化 Percona 服务器。

MySQL 性能监控工具

监控数据库服务器的性能一直以来都是一个需求。对于这个需求，有许多可用的工具能使监控 MySQL 性能变得更容易一点。这些工具大多数是开源且免费的，其中一些还提供 GUI（图形用户界面）。相比之下，命令行工具虽然需要多花一些时间去理解并掌握，但是却更强大更好用。下面我们将讨论一些工具。

phpMyAdmin

phpMyAdmin 是最著名的用于管理 MySQL 数据库的工具。phpMyAdmin 基于 Web，

开源且免费。除了管理 MySQL 服务器外，phpMyAdmin 还提供一些监控 MySQL 服务器的工具。登录 phpMyAdmin 并点击顶部的 **Status** 标签，将会看到如下图所示界面。

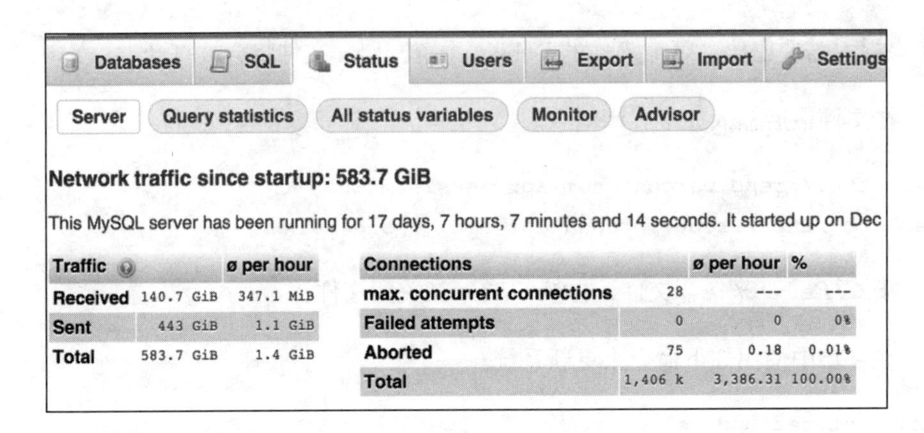

Server 标签展示了 MySQL 服务器的基本信息，例如启动时间、最新一次启动处理了多少流量、链接信息等。

下一个标签是 **Query Statistics**。这一区域提供了所有执行过的查询中的全部统计信息。它也提供能够可视化展示各类查询比例的饼状图，如下图所示。

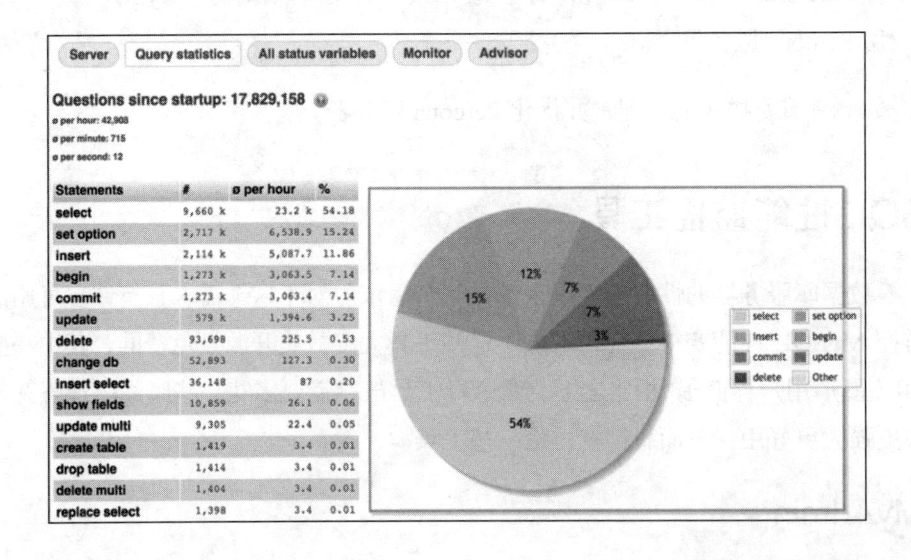

仔细观察这张图表可以看到，`SELECT` 查询占 54%。如果我们使用缓存，例如

Memcached 或 Redis，`SELECT` 查询所占的比例不应该这么高。所以，这张图和统计信息为我们提供了一种分析缓存系统的思路。

下一个标签是 **All Status Variables**，展示了所有的 MySQL 变量及其当前的值。在这张列表中，我们可以很容易看到 MySQL 是如何配置的。下图显示了查询缓存变量和它的对应值。

Qcache free blocks	6.1 k	The number of free memo issuing a FLUSH QUERY
Qcache free memory	17 M	The amount of free memo
Qcache hits	261.1 M	The number of cache hits
Qcache inserts	9.4 M	The number of queries ad
Qcache lowmem prunes	5.6 M	The number of queries tha help you tune the query c from the cache.
Qcache not cached	252.3 k	The number of non-cache
Qcache queries in cache	24 k	The number of queries re
Qcache total blocks	60.2 k	The total number of block
Queries	280.3 M	
Questions	280.3 M	

phpMyAdmin 提供的下一个标签项是 **Monitor**。这是一个强大的工具，用图形的形式实时展示服务器的资源使用率。

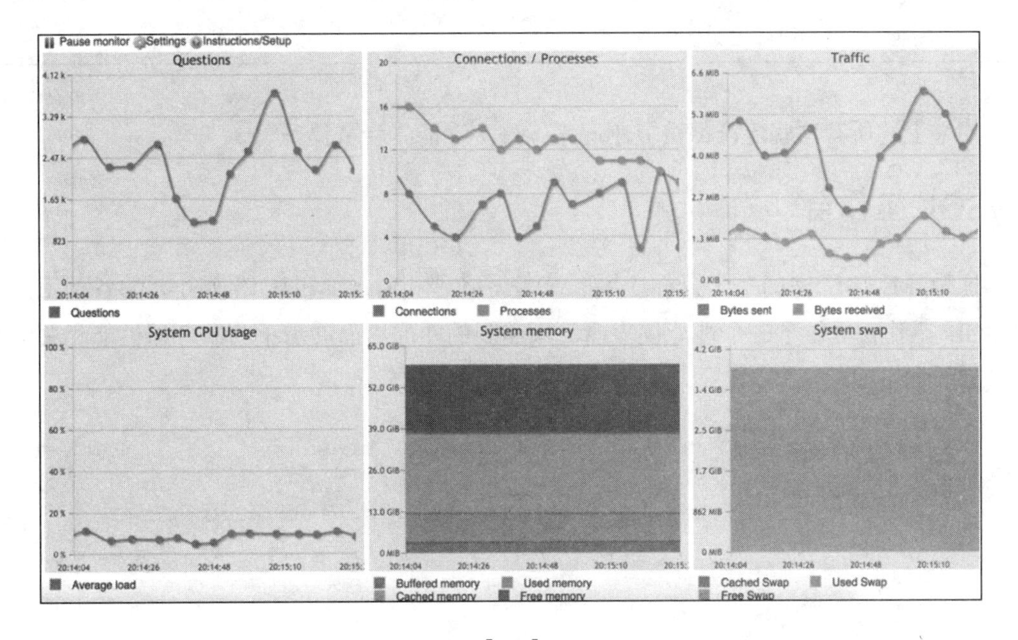

如上图所示，我们可以通过美观的图形界面查看到**问题**、**连接数/进程数**、**系统 CPU 使用率**、**流量**、**系统内存**、**系统交换内存**及**信息**。

最后一个标签项是 **Advisor**，它为我们提供了有关性能设置的建议，例如尽可能多的关于 MySQL 性能优化的细节。以下截图展示了 Advisor 的一小块区域。

Possible performance issues

Issue	Recommendation
The MySQL manual only is accurate for official MySQL binaries.	Percona documentation is at http://www.percona.com/docs/wiki/
Suboptimal caching method.	You are using the MySQL Query cache with a fairly high traffic database. It might b especially if you have multiple slaves.
Cached queries are removed due to low query cache memory from the query cache.	You might want to increase query_cache_size, however keep in mind that the overl small increments and monitor the results.
There are lots of rows being sorted.	While there is nothing wrong with a high amount of row sorting, you might want to r the ORDER BY clause, as this will result in much faster sorting
There are too many joins without indexes.	This means that joins are doing full table scans. Adding indexes for the columns be
The rate of reading the first index entry is high.	This usually indicates frequent full index scans. Full index scans are faster than tab had high volumes of UPDATEs and DELETEs, running 'OPTIMIZE TABLE' might r scans can only be reduced by rewriting queries.

如果上述所有这些建议都被应用起来，许多性能将会被提升。

MySQL 工作台

这是 MySQL 中的一个桌面应用，装备了管理和监控 MySQL 服务器的各种工具。MySQL 工作台提供了一个性能仪表盘，用美观的图形界面展示了与服务器性能相关的所有数据，如下图所示。

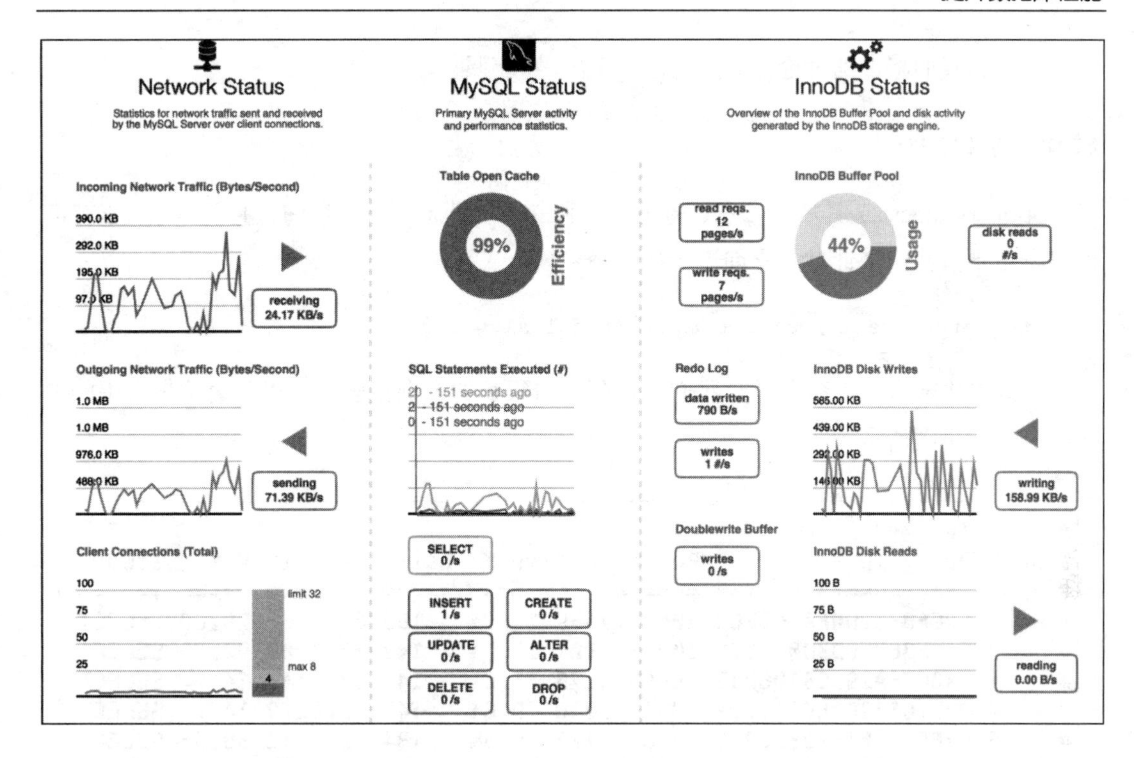

Percona 工具箱

上面提到的工具都是用可视化的方式显示数据库服务器信息的。然而，在显示更多有用信息、提供更多方便我们生活的功能特性上，仍然有很大提升空间。为了克服这个不足，我们可以使用另一种命令行工具箱，即 Percona 工具箱。

Percona 工具箱集成了超过 30 个命令行工具，包括用于分析慢查询、归档、优化索引等的各种工具。

> Percona 工具箱是开源且免费的，使用 GPL 协议。Percona 的大部分工具可运行在 Linux/Unix 系统上，有一些也可运行在 Windows 系统上。安装指南：`https://www.percona.com/doc/percona-toolkit/2.2/installation.html`。完整的工具集查看地址：`https://www.percona.com/doc/percona-toolkit/2.2/index.html`。

下面，我们将详细讨论 Percona 工具箱中一些工具。

pt-query-digest

pt-query-digest 工具从慢日志、通用日志和二进制日志中分析查询，生成一份关于查询的复杂报告。我们来针对慢查询运行如下命令。

```
pt-query-digest /var/log/mysql/mysql-slow.log
```

在终端中输入以上命令后，我们将看到一份很长的查询报告。这里只讨论报告中的一小部分，如下图所示。

```
# Profile
# Rank Query ID           Response time    Calls R/Call  V/M   Item
# ==== ================== ================ ===== ======= ===== =======
#    1 0xCEB312D0FA1C37CE 10683.7659 11.9%   165 64.7501 70.89 SELECT
#    2 0xA836779D3D007C7C 10323.4901 11.5%   142 72.7006 92.79 SELECT
#    3 0x0C7EA293C3196265  9889.3175 11.0%   147 67.2743 14... SELECT
#    4 0xD70662D2ECA11099  8618.3030  9.6%   147 58.6279 14... SELECT
#    5 0xEE6E30152233C978  5687.1127  6.3%   134 42.4411 38.55 SELECT
#    6 0x7C28ED0781B7DC05  5220.0295  5.8%   129 40.4653 41.13 SELECT
#    7 0x813031B8BBC3B329  4895.0396  5.4%  2926  1.6729  0.19 COMMIT
#    8 0x71CE1B0B17DCC70F  3179.1896  3.5%   151 21.0542 19.94 SELECT
#    9 0x1E3F38720A7F9E01  2805.9224  3.1%   126 22.2692 21.57 SELECT
#   10 0x86485AAB2E3523AB  1951.5777  2.2%   374  5.2181 18.41 INSERT
#   11 0x5F9B42BF4A256B2E  1806.6999  2.0%    69 26.1841 10.16 INSERT
#   12 0x2CE0A1392B331E05  1713.9884  1.9%   558  3.0717  4.03 SELECT
```

上图为慢查询的列表，其中最慢的查询在最顶部。第一条查询是一条 SELECT 语句，花费了最多的时间，大约占总时间的 12%。第二条查询也是一条 SELECT 语句，花费了总时间的 11.5%。从这个报告中，我们可以发现较慢的查询有哪些，从而优化查询得到更好的性能。

pt-query-digest 也显示了每条查询的详细信息，如下图所示。下图是关于第一条查询的，信息包括总时间、时长比率、最小/最大/平均时间、发送字节数以及一些其他指标。

```
# Query 1: 0.00 QPS, 0.00x concurrency, ID 0xCEB312D0FA1C37CE at byte 7534347
# This item is included in the report because it matches --limit.
# Scores: V/M = 70.89
# Time range: 2014-12-21 11:14:08 to 2015-11-14 11:24:17
# Attribute    pct   total     min     max     avg     95%  stddev  median
# ============ === ======= ======= ======= ======= ======= ======= =======
# Count          0     165
# Exec time     11  10684s      5s    647s     65s    159s     68s     45s
# Lock time      0    16ms       0   184us    94us   144us    23us    84us
# Rows sent     10  47.61M       0 368.14k 295.45k 362.29k  66.84k 298.06k
# Rows examine   5  47.61M       0 368.14k 295.45k 362.29k  66.84k 298.06k
# Rows affecte   0       0       0       0       0       0       0       0
# Bytes sent    13   1.20G   2.77M  31.57M   7.46M   8.03M   5.35M   7.29M
# Merge passes   0       0       0       0       0       0       0       0
# Tmp tables     0       0       0       0       0       0       0       0
# Tmp disk tbl   0       0       0       0       0       0       0       0
# Tmp tbl size   0       0       0       0       0       0       0       0
# Query size     0   8.70k      54      54      54      54       0      54
# InnoDB:
```

pt-duplicate-key-checker

这一工具能找出重复的索引和重复的外键，既可以检测指定的表，也可以检测整个数据库。我们在一个大数据库上运行一下这个工具，命令如下。

```
pt-duplicate-key-checker -user packt -password dbPassword -database
packt_pub
```

执行之后，输出如下。

```
# ########################################################################
# [illegible]_live.widget_instance_page_layout
# ########################################################################

# IDX_WIDGET_INSTANCE_PAGE_LAYOUT_LAYOUT_UPDATE_ID is a left-prefix of UNQ_WIDGET_INSTANCE_PAGE_LAYOUT_LAYOUT_UPDATE_ID_PAGE_ID
# Key definitions:
#   KEY `IDX_WIDGET_INSTANCE_PAGE_LAYOUT_LAYOUT_UPDATE_ID` (`layout_update_id`),
#   UNIQUE KEY `UNQ_WIDGET_INSTANCE_PAGE_LAYOUT_LAYOUT_UPDATE_ID_PAGE_ID` (`layout_update_id`,`page_id`),
# Column types:
#         `layout_update_id` int(10) unsigned not null default '0' comment 'layout update id'
#         `page_id` int(10) unsigned not null default '0' comment 'page id'
# To remove this duplicate index, execute:
ALTER TABLE `[illegible]_live`.`widget_instance_page_layout` DROP INDEX `IDX_WIDGET_INSTANCE_PAGE_LAYOUT_LAYOUT_UPDATE_ID`;

# ########################################################################
# Summary of indexes
# ########################################################################

# Size Duplicate Indexes   361243847
# Total Duplicate Indexes  84
# Total Indexes            1719
-------------------------------------------------------------------
```

报告最后显示了有关索引的汇总信息，其含义是不言而喻的。另外这个工具对于每个重复的索引输出了一条 ALTER 语句，可用作 MySQL 语句来执行，用来修复索引。具体命令如下。

pt-variable-advisor

这个工具输出 MySQL 的配置信息，以及对于每次查询的建议。这是一个可以帮我们正确设置 MySQL 配置的优质工具，我们可以通过下面的命令来执行。

```
pt-variable-advisor -user packt -password DbPassword localhost
```

执行之后，输出如下。

```
# NOTE connect_timeout: A large value of this setting can create a denial of service vulnerability.
# WARN delay_key_write: MyISAM index blocks are never flushed until necessary.
# WARN innodb_additional_mem_pool_size: This variable generally doesn't need to be larger than 20MB.
# WARN innodb_fast_shutdown: InnoDB's shutdown behavior is not the default.
# WARN innodb_flush_log_at_trx_commit-1: InnoDB is not configured in strictly ACID mode.
# WARN innodb_log_buffer_size: The InnoDB log buffer size generally should not be set larger than 16MB.
# NOTE log_warnings-2: Log_warnings must be set greater than 1 to log unusual events such as aborted connections.
# NOTE max_binlog_size: The max_binlog_size is smaller than the default of 1GB.
```

Percona 工具箱还提供了许多其他的工具，但由于超出了本书的范畴因此不再介绍。通过 https://www.percona.com/doc/percona-toolkit/2.2/index.html 可以查询关于 Percona 工具箱的文档，该文档非常有用且简单易懂，提供了每个工具的完整细节信息，包含工具的描述、风险、如何执行等。如果想了解 Percona 工具箱中的全部工具，这份文档值得一读。

Percona XtraDB 集群（PXC）

Percona XtraDB 集群提供了高性能的集群环境，能轻松配置和管理多台数据库服务器，使得数据库之间能使用二进制日志来互相通信。集群环境能将负载分散到不同的数据库服务器中，并提供灾备，以防止服务器死机。

为了配置集群环境，我们需要以下服务器。

- 第一台服务器 IP 10.211.55.1，称为 Node1。
- 第二台服务器 IP 10.211.55.2，称为 Node2。
- 第三台服务器 IP 10.211.55.3，称为 Node3。

我们已经在 sources.list 文件中配置了 Percona 的源，下面从安装和配置 Percona XtraDB 集群（也称为 PXC）开始介绍，步骤如下。

1. 在终端中执行如下命令，在 Node1 上安装 Percona XtraDB 集群。

```
apt-get install percona-xtradb-cluster-56
```

安装将会启动，安装过程与普通的 Percona 服务器安装类似。安装过程中将会要求输入 root 用户的密码。

2. 当安装完成后，我们需要创建一个拥有复制权限的新用户。登录进去，在 MySQL 终端执行以下命令。

```
CREATE USER 'sstpackt'@'localhost' IDENTIFIED BY 'sstuserpassword';
GRANT RELOAD, LOCK TABLES, REPLICATION CLIENT ON *.* TO 'sstpackt'@'
localhost';
FLUSH PRIVILEGES;
```

第一条语句创建了一个用户，用户名是 `sstpackt`，密码是 `sstuserpassword`。用户名和密码可以是任何值，但是推荐用强度比较高的密码。第二条语句为新用户设置了需要的权限，包括锁表和复制权限。第三条语句刷新了权限。

3. 打开 MySQL 配置文件`/etc/mysql/my.cnf`，在 `mysqld` 区块下输入以下配置。

```
#添加galera库
wsrep_provider=/usr/lib/libgalera_smm.so

#添加集群节点地址
wsrep_cluster_address=gcomm://10.211.55.1,10.211.55.2,10.211.55.3
```

```
#binlog格式为ROW
binlog_format=ROW

#默认存储引擎是InnoDB
default_storage_engine=InnoDB

#InnoDB auto_increment锁定模式设置为2，这是galera需要的
innodb_autoinc_lock_mode=2

#Node 1的地址
wsrep_node_address=10.211.55.1

#SST 模式
wsrep_sst_method=xtrabackup

#SST模式的验证，设置账号密码
wsrep_sst_auth="sstpackt:sstuserpassword"

#为集群命名
wsrep_cluster_name=packt_cluster
```

加入上面的配置之后，保存该文件。

4. 执行下面的命令，启动第一个节点。

```
/etc/init.d/mysql bootstrap-pxc
```

该命令将启动第一个节点，也就意味着将初始的集群启动和运行起来，并决定哪一个节点带有正确的信息，以及哪一个节点将会同步给所有其他节点。因为 Node1 是集群的初始节点，并且创建了一个新用户，因此我们将只启动 Node1。

状态快照转移（State Snapshot Transfer，SST）负责从一个节点复制全部信息到另一个节点，它仅用在一个新节点加入集群并需要从另一个已存在的节点获取完整的初始数据时。Percona XtraDB 集群有三个 SST 方法：mysqldump、rsync 和 xtrabackup。

5. 登录到 Node1 的 MySQL 命令行，执行下面的命令。

```
SHOW STATUS LIKE '%wsrep%';
```

这将输出一个非常长的列表，其中一部分如下图所示。

```
mysql> show status like '%wsrep_cluster%';
+--------------------------+--------------------------------------+
| Variable_name            | Value                                |
+--------------------------+--------------------------------------+
| wsrep_cluster_conf_id    | 1                                    |
| wsrep_cluster_size       | 1                                    |
| wsrep_cluster_state_uuid | 65925905-f650-11e5-b9a4-b3804a801699 |
| wsrep_cluster_status     | Primary                              |
+--------------------------+--------------------------------------+
4 rows in set (0.00 sec)

mysql>
```

6. 现在，对所有节点重复步骤 1 和 3。需要为每个节点变更的唯一配置是 `wsrep_node_address`，其值应该为节点的 IP 地址。对于每个节点来说，编辑 `my.cnf` 配置文件，在 `wsrep_node_address` 上设置节点的 IP 地址即可。

7. 在终端中执行如下命令，开启两个新建的节点。

```
/etc/init.d/mysql start
```

此时每个节点都可以通过重复步骤 7 来验证是否正常。

为了验证集群是否能正常工作，在某个节点上创建一个数据库并添加几张表，再向表中添加一些数据。之后，在其他节点上检查新创建的数据库、表以及保存在每张表中的数据。如果正常，则所有这些数据将会被同步到每个节点中。

Redis 键值缓存存储

Redis 是开源的内存型键值存储系统，广泛用于数据库缓存。根据 Redis 网站（`www.Redis.io`）的介绍，Redis 支持字符串、哈希表、队列、集合和有序集合，同时也支持主从复制和事务。

Redis 安装指南地址 http://redis.io/topics/quickstart。

为了查看 Redis 在服务器上是否能正常工作，可以在终端里运行如下命令来启动 Redis 服务实例。

```
redis server
```

然后在另一个终端窗口中执行以下命令。

```
redis-cli ping
```

如果执行上述命令输出下图所示的内容，说明 Redis 服务器已经开始运行了。

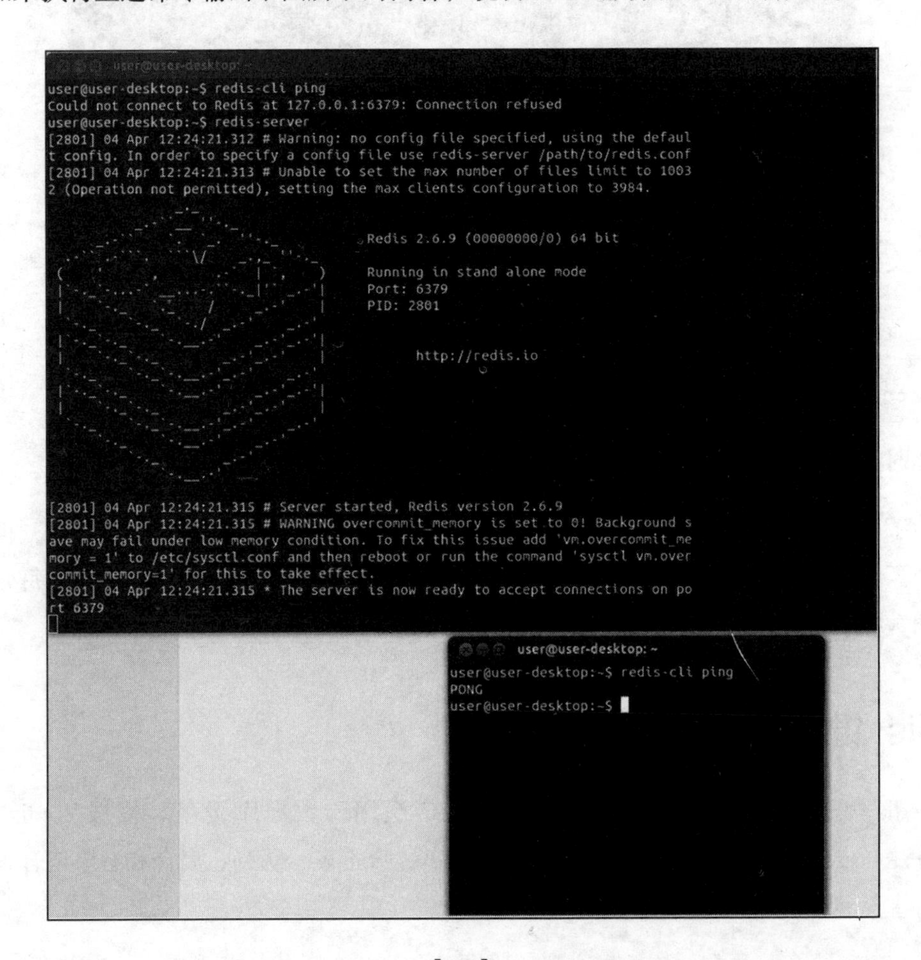

Redis 提供了一个命令行环境，其中一些命令非常有用。在 Redis 服务器上执行命令有两种方式：一种是使用上述方式；另一种是输入 `redis-cli` 并按下回车键。我们将会看到 Redis 命令行环境，在这个环境中我们就能输入 Redis 命令并执行了。

Redis 默认使用 IP 127.0.0.1 和端口 6379，尽管远程连接可以被开启但并不被允许。Redis 在 database 中保存数据，database 被命名为整形数字，例如 0、1、2 等。

在此我们将不会讨论 Redis 的太多细节，只会讨论一些命令。注意所有的命令都可以通过上面描述的方法来执行，或者我们可以仅仅输入一个 `redis-cli` 命令，之后直接输入命令而不用再输入 `redis-cli`。命令可以通过 PHP 来直接执行，这使得我们能通过 PHP 应用来直接清除缓存。

- `SELECT`：这个命令可以改变当前的数据库。redis-cli 默认会打开数据库 0，所以如果我们想要操作数据库 1，可以执行如下命令。

  ```
  SELECT 1
  ```

- `FLUSHDB`：这个命令会清空当前数据库中的所有键、值。
- `FLUSHALL`：这个命令会清空所有的数据库，无论当前数据库是什么。
- `KEYS`：这个命令会列出当前数据库中所有匹配指定模式的键。下面的命令将列出当前数据库中所有的键。

  ```
  KEYS *
  ```

现在，就让我们用 PHP 来对 Redis 进行操作吧。

在写本章时，PHP 7 还没有内置对 Redis 的支持。因为写书需要，我们编译了 PHP 7 的 PHPRedis 模块，它工作得非常好。该模块可以在地址 `https://github.com/phpredis/phpredis` 中获得。

连接 Redis 服务器

之前提到过，Redis 默认运行在 IP 127.0.0.1 和端口 6379 上。所以，为了创建连接，我们将使用这一细节信息。代码如下。

```
$redisObject = new Redis();
```

```
if( !$redisObject->connect('127.0.0.1', 6379))
  die("Can't connect to Redis Server");
```

在第一行中，我们初始化了 Redis 对象，命名为 redisObject，它在第二行中用于连接 Redis 服务器。主机地址是本地 IP 地址 127.0.0.1，端口是 6379。如果连接成功，connect()方法将返回 TRUE，否则返回 FALSE。

用 Redis 保存和获取数据

现在，我们已经连接上 Redis 服务器了，下面要在 Redis 数据库中保存一些数据。若希望在 Redis 数据库中保存一些字符串数据，可用如下代码实现。

```
//使用与上述相同的代码进行连接
//将数据保存到Redis数据库中
$rdisObject->set('packt_title', 'Packt Publishing');

//从数据库获取数据
echo $redisObject->get('packt_title');
```

set 方法的功能是在当前 Redis 数据库中保存数据，它有两个参数：键和值。键可以是任何唯一的名称，值是我们希望保存的数据，例如，键是 packt_title，值是 Packt Publishing。默认的数据库总是设置为 0，除非显式地设为其他值，所以上述 set 命令将在数据库 0 里以 packt_title 为键来保存数据。

get 方法的功能是从当前数据库中获取数据，它以待获取数据的键作为参数，因此上述代码的输出将会是我们所保存的数据 Packt Publishing。

如果是从数据库中取出的数组或者集合数据该如何保存到 Redis 呢？在 Redis 中我们能用多种方式来保存它们。首先来尝试普通的字符串方式，代码如下。

```
//使用与上述相同的连接代码.

/* $array可以来自任何地方，例如数据库、用户输入的表单数据或代码中定义的数组 */
```

```
$array = ['PHP 5.4', PHP 5.5, 'PHP 5.6', PHP 7.0];

//JSON编码
$encoded = json_encode($array);

//设置Redis的库为1
$redisObj->select(1);

//存储至Redis的库1中
$redisObject->set('my_array', $encoded);

//获取数据
$data = $redisObject->get('my_array');

//JSON解码
$decoded = json_decode($data, true);

print_r($decoded);
```

执行上述代码将输出同样的数组。出于测试目的，我们可以屏蔽掉 set 方法调用再检查 get 方法是否正确获取到了数据。记住，在上述代码中，我们用 json 字符串来保存数组，然后再以 json 字符串的方式获取到数据，并将其解码成数组。这是因为我们使用的方法（get 方法和 set 方法）是用于字符串数据类型的，这类命令是不能保存数组的。

我们使用了 select 方法来选择另一个数据库，并用它代替数据库 0。数据将会保存在数据库 1 中，因此在数据库 0 中是获取不到该数据的。

关于 Redis 的完整讨论超出了本书的范畴，因此我们只进行简单介绍。注意，如果你使用某些框架，你可能会获得内置的库来对 Redis 进行操作，这样易于使用，可以轻松对多种数据类型进行处理。

Redis 管理工具

Redis 管理工具提供了一种轻松管理 Redis 数据库的方法。这些工具的功能包括：每个键都能被验证、缓存能被轻松清除等。之前我们讨论过一个随 Redis 一起被提供的默认工具 redis-cli，现在，我们来讨论一个易于使用的可视化工具——**Redis 桌面管理（Redis Desktop Manage, RDM）**，其主窗口如下图所示。

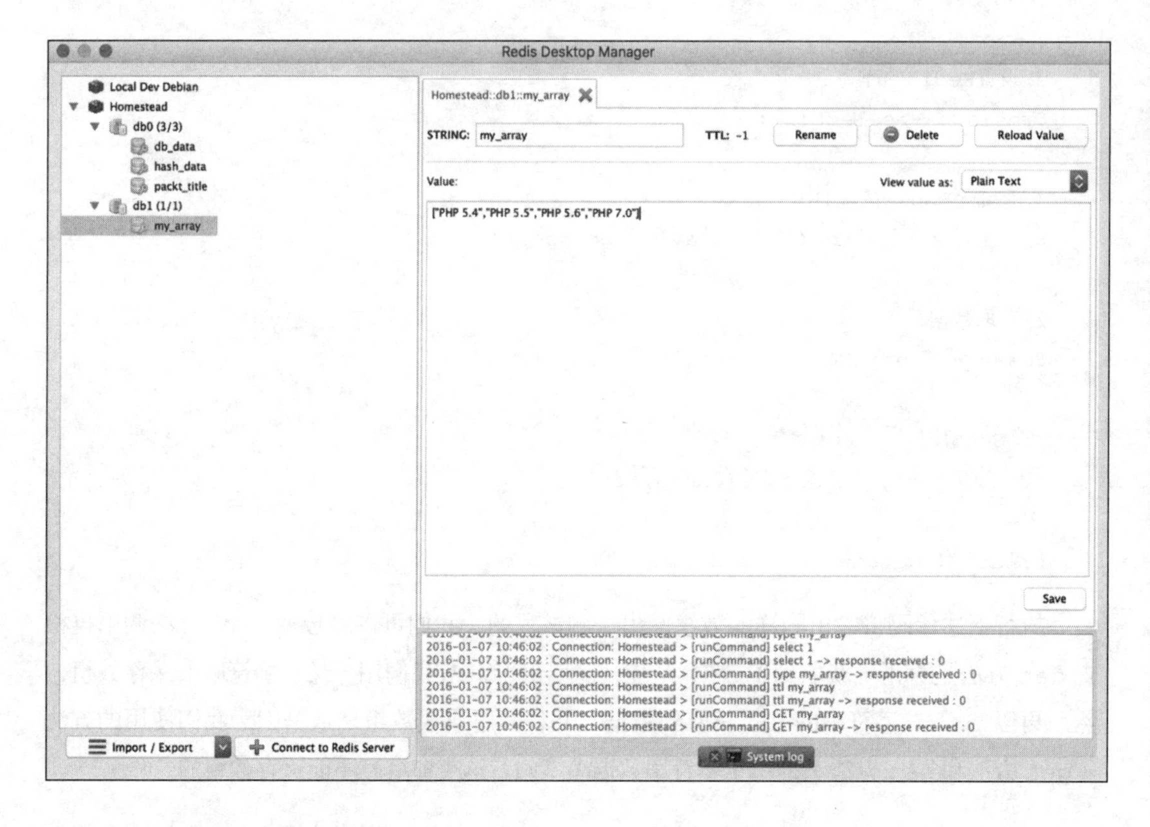

RDM 具有如下功能。

- 连接多个 Redis 服务器
- 用不同格式显示特定键的数据
- 向选择的数据库中添加新键
- 在选择的键中保存更多数据
- 编辑/删除键
- 支持 SSH 和 SSL，可用于云端

还有其他一些工具可用，但是 RDM 和 redis-cli 是性能最优、最易使用的。

Memcached 键值缓存存储

根据 Memcached 官方网站的介绍，Memcached 是一个免费、开源、高性能、分布式的内存对象缓存系统。Memcached 属于内存型的键值存储，可以保存从数据库或者 API 调用获取的数据。

类似于 Redis，Memcached 也能用于加速网站。Memcached 将数据（字符串和对象）保存到内存中，这样可以减少和外部资源的交互，例如与数据库或 API 交互。

假设 Memcached 已经安装在服务器上，并且 PHP 7 的 Memcached 扩展也已经安装好了。

现在，我们将使用 PHP 来操作 Memcached，代码如下。

```
//初始化Memcached对象
$memCached = new Memcached();

//添加Memcached服务器地址
$memCached->addServer('127.0.0.1', 11211);

//获取数据
$data = $memCached->get('packt_title');

//如果数据存在
if($data)
{
  echo $data;
}
else
{
  /*未找到数据。从任何地方获取数据并添加到memcached中 */

  $memCached->set('packt_title', 'Packt Publishing');

}
```

上述代码是使用 Memcached 的一个非常简单的例子，每行代码都有注释，易于理解。当实例化一个 Memcached 对象后，我们需要添加 Memcached 服务器地址，Memcached 服务器默认运行在本地 IP 127.0.0.1 和端口 11211 上。然后，使用键名来检查数据是否存在。如果数据存在，则可以进行处理（在本例中，我们输出了该数据，数据也能被返回，或者被进行任何必要处理）。如果数据不存在，则可以添加新数据。要记住，被添加的数据可以来自远程 API 调用或者数据库。

我们仅对 Memcached 做了介绍，介绍了如何用它保存数据和提升性能。若对 Memcached 进行完整讨论则会超出本书范围，因此推荐给大家一本关于 Memcached 的书——*Getting Started with Memcached*，由 Packt 出版。

本章小结

在本章中，我们主要介绍了 MySQL 和 Percona 服务器，详细讨论了查询缓存和 MySQL 中其他和性能有关的配置选项。我们提到了不同的存储引擎，例如 MyISAM、InnoDB 和 Percona XtraDB，同时还配置了一个三节点的 Percona XtraDB 集群。我们讨论了不同的监控工具，例如 phpMyAdmin 工具、MySQL 工作台性能监控、Percona 工具箱，还讨论了用于 PHP 和 MySQL 数据缓存的 Redis 及 Memcached。

在下一章中，我们将讨论压力测试及其不同的工具，使用 XDebug、Apache JMeter、ApacheBench 和 Siege 来对不同的开源系统进行压力测试，例如 WordPress、Magento、Drupal 以及 PHP 的不同版本，并在性能上与 PHP 7 进行对比。

5

调试和分析

每个程序开发者在实际开发过程中都会遇到种种问题，但却不知道具体发生了什么问题，也不知道这些问题为何会发生。大多数时候可能是逻辑或数据的问题，这些问题通常难以解决，而调试是一种找出症结所在并解决它们的手段。同样地，我们经常需要弄清楚一个脚本程序消耗了多少资源，包括内存消耗、CPU 以及执行时间。

本章主要包括以下内容：

- Xdebug
- 使用 Sublime Text 3 调试
- 使用 Eclipse 调试
- 使用 Xdebug 分析
- PHP DebugBar

Xdebug

Xdebug 是一种 PHP 扩展，为 PHP 脚本提供了调试和分析信息。针对错误，Xdebug 能提供全部的追踪信息，包括函数名、行号和文件名。同时，Xdebug 也提供用 IDE 进行交互式调试脚本的能力，这些 IDE 包括 Sublime Text、Eclipse、PHP Storm、Zend Studio 等。

为了检测 PHP 是否已经安装并启用了 Xdebug,我们需要查看 phpinfo()函数的输出。在 phpinfo()函数的输出页面中搜索 Xdebug，如果 PHP 已经安装好了 Xdebug，你应该能看到如下图所示的信息。

This program makes use of the Zend Scripting Language Engine:
Zend Engine v3.0.0, Copyright (c) 1998-2016 Zend Technologies
with Zend OPcache v7.0.6-dev, Copyright (c) 1999-2016, by Zend Technologies
with Xdebug v2.4.0RC4, Copyright (c) 2002-2016, by Derick Rethans

zend engine

现在来配置 Xdebug。Xdebug 的配置在 `php.ini` 文件中，或者有单独的 `.ini` 配置文件。在笔者的安装中，Xdebug 配置在单独的 `20-xdebug.ini` 文件中，位于 `/etc/php/7.0/fpm/conf.d/` 目录下。

为了编写本书，我们使用了 Laravel Homestead，这是一种 Vagrant“盒子”，提供了基于 Ubuntu 14.04 LTS 的完整工具集，包含带有 Xdebug 的 PHP 7、Nginx 和 MySQL 等。Laravel Homestead 非常适合用于开发环境，详情请查看 `https://laravel.com/docs/5.1/homestead`。

打开 `20-xdebug.ini` 文件，将下面的配置信息输入其中。

```
zend_extension = xdebug.so
xdebug.remote_enable = on
xdebug.remote_connect_back = on
xdebug.idekey = "vagrant"
```

以上是用来开启远程调试和设置 IDE Key 所需的最少配置。然后，在终端中执行下面的命令重启 PHP。

```
sudo service php-fpm7.0 restart
```

都已经准备好了，下面来调试代码吧！

使用 Sublime Text 调试

Sublime Text 编辑器中有一种插件可以用来调试 PHP 代码。首先来安装 Sublime Text 的 xdebug 插件。

基于本章的主题，我们使用的仍然是 Beta 版本的 Sublime Text 3，你也可以选择使用 Sublime Text 2。

首先，从菜单中选择 **Tools | Command Pallet**，界面如下。

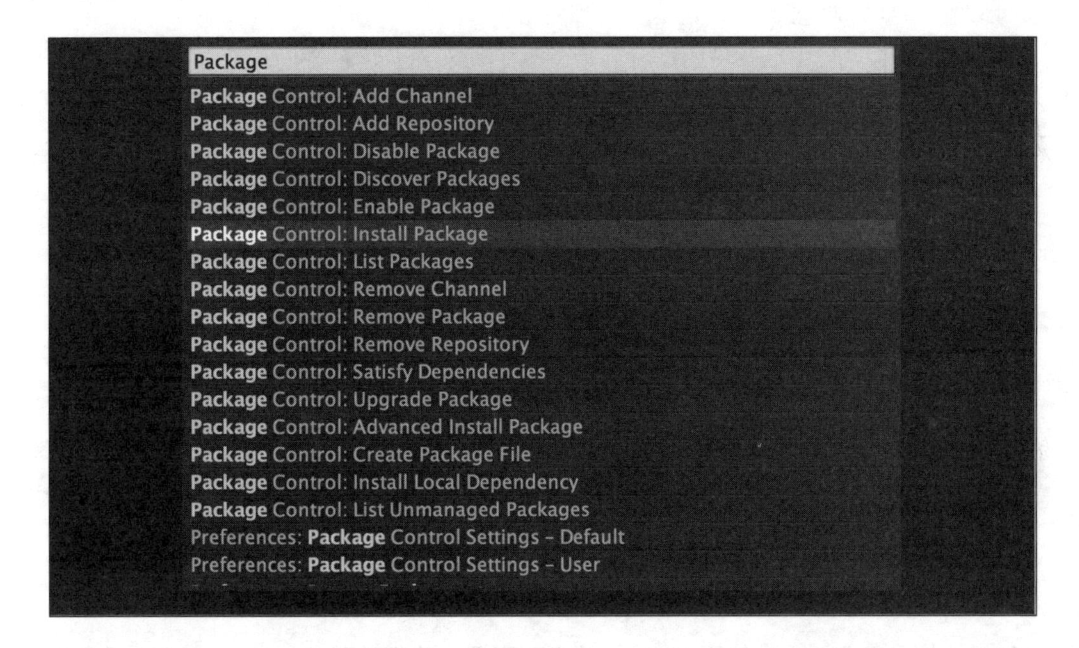

然后，选择 **Package Control: Install Package**，会弹出如下界面。

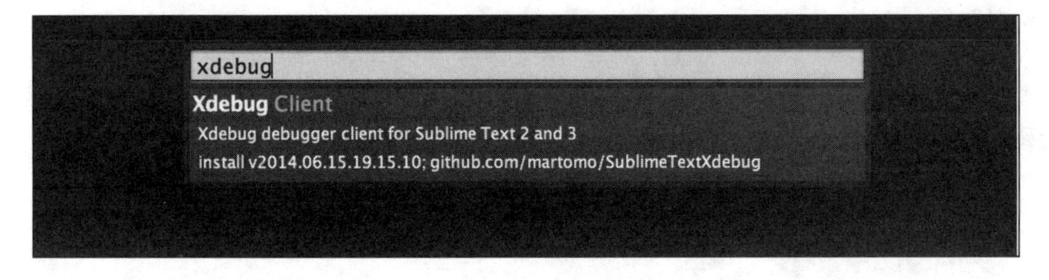

输入 xdebug，会显示 **Xdebug Client** 页面，单击该页面并等待片刻便安装完毕了。

现在，在 Sublime Text 中创建一个项目并保存。打开 Sublime Text 工程文件并输入如下代码。

```
{
 "folders":
 [
   {
   "follow_symlinks": true,
   "path": "."
   }
 ],

"settings": {
  "xdebug": {
    "path_mapping": {
    "full_path_on_remote_host" : "full_path_on_local_host"
    },
    "url" : http://url-of-application.com/,
    "super_globals" : true,
    "close_on_stop" : true,
    }
  }
}
```

加粗的代码很重要，是使用 Xdebug 的必要配置。路径映射（path mapping）是最重要的部分，它包含远程主机上应用程序的根目录的绝对路径，以及本机上应用程序的根目录的绝对路径。

现在开始调试。在工程根目录下创建新文件，命名为 index.php，然后输入以下代码。

```
$a = [1,2,3,4,5];
$b = [4,5,6,7,8];

$c = array_merge($a, $b);
```

使用鼠标右键单击需要加断点的代码行，选择 **Xdebug**，单击 **Add/Remove Breakpoint**。这样就添加了一些断点，如下图所示。

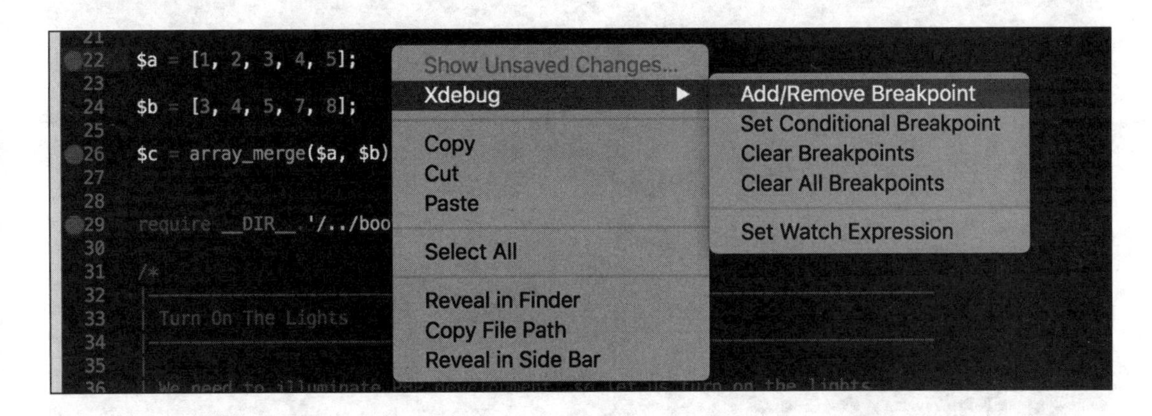

从上图中可以看到，当在代码中添加一个断点时，行号的左边会显示一个实心圆点。

现在已经准备好调试 PHP 代码了。在菜单中选择 **Tools** | **Xdebug** | **Start Debugging (Launch in Browser)**，浏览器将会带着 Sublime Text 的调试会话参数打开应用。浏览器窗口将会处于加载状态，因为遇到断点被暂停执行。浏览器窗口如下图所示。

Sublime Text 编辑器也会打开一些小窗口，显示出所有可用变量的调试信息，如下图所示。

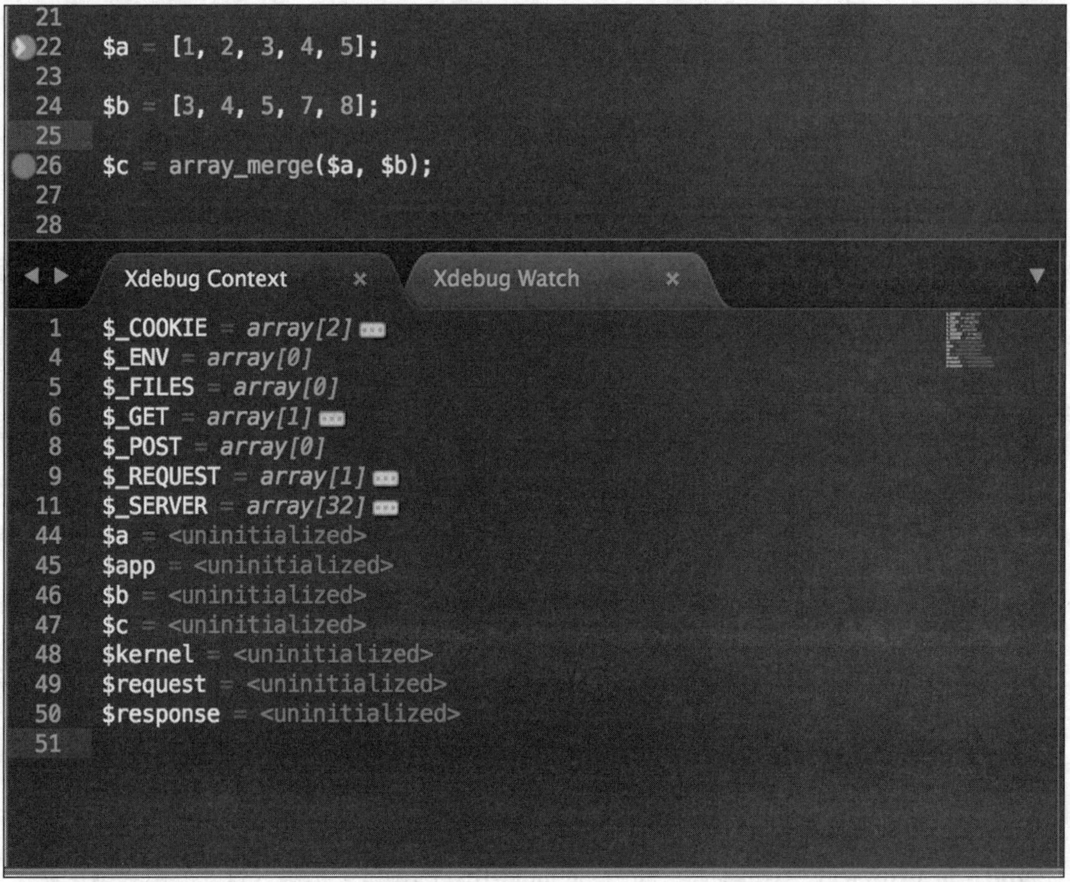

```
21
22  $a = [1, 2, 3, 4, 5];
23
24  $b = [3, 4, 5, 7, 8];
25
26  $c = array_merge($a, $b);
27
28

Xdebug Context    Xdebug Watch

1   $_COOKIE = array[2]
4   $_ENV = array[0]
5   $_FILES = array[0]
6   $_GET = array[1]
8   $_POST = array[0]
9   $_REQUEST = array[1]
11  $_SERVER = array[32]
44  $a = <uninitialized>
45  $app = <uninitialized>
46  $b = <uninitialized>
47  $c = <uninitialized>
48  $kernel = <uninitialized>
49  $request = <uninitialized>
50  $response = <uninitialized>
51
```

在上图中，$a、$b 和$c 数组显示为未初始化（uninitalized）状态，因为执行游标停在第 22 行。另外，所有的服务器变量、cookies、环境变量、请求数据、POST 和 GET 数据都可以显示出来。这样，我们能观察到各类变量、数组和对象，并且检查在特定代码位置时各个变量、数组和对象的值，这样可以提高找出代码中的错误的可能性，如果没有调试环节，这些错误很难被检测到。

现在将执行游标前进一步。使用鼠标右键单击编辑器中的代码区域，选择 **Xdebug | Step Into**，代码将会向前执行，变量的值可能会根据下一行代码而改变，如下图所示。

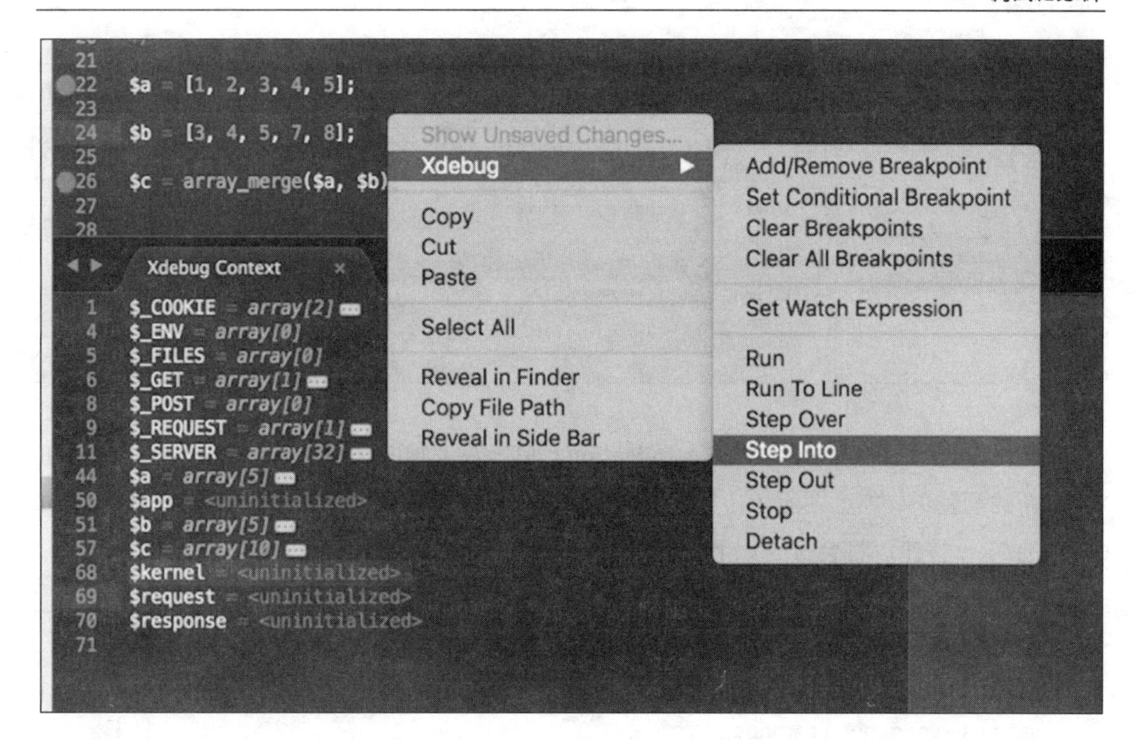

通过单击菜单中的 **Tools | Xdebug | Stop Debugging** 可以停止调试。

使用 Eclipse 调试

Eclipse 是使用最为广泛的免费且功能强大的集成开发环境（IDE）。它几乎支持所有的主流编程语言，包括 PHP。下面我们将会讨论如何配置 Eclipse 来使用 Xdebug 调试。

首先，使用 Eclipse 打开项目。然后，单击工具条上的“虫子”图标右边的向下箭头，如下图所示。

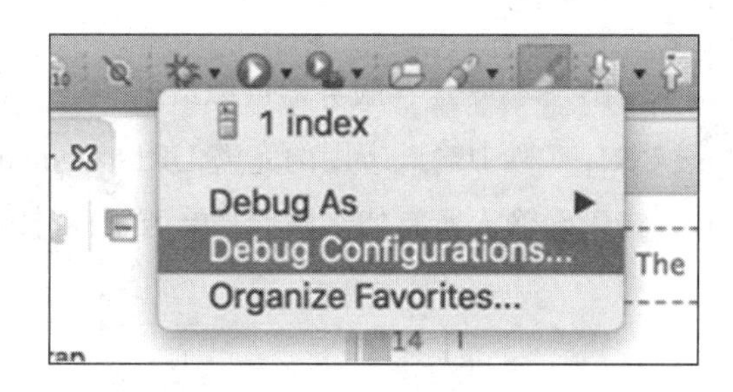

单击 **Debug Configuration** 菜单项，将会打开如下窗口。

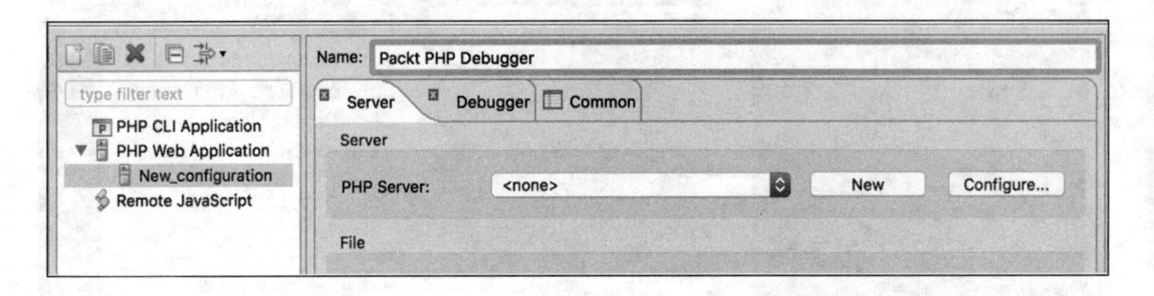

选择左边面板中的 **PHP Web Application**，单击左上角的 **Add New** 图标，这样会添加一个新的配置项，如上图所示。为配置命名，并向配置项中添加 PHP 服务器，单击右边面板中的 **New** 按钮，将会打开如下窗口。

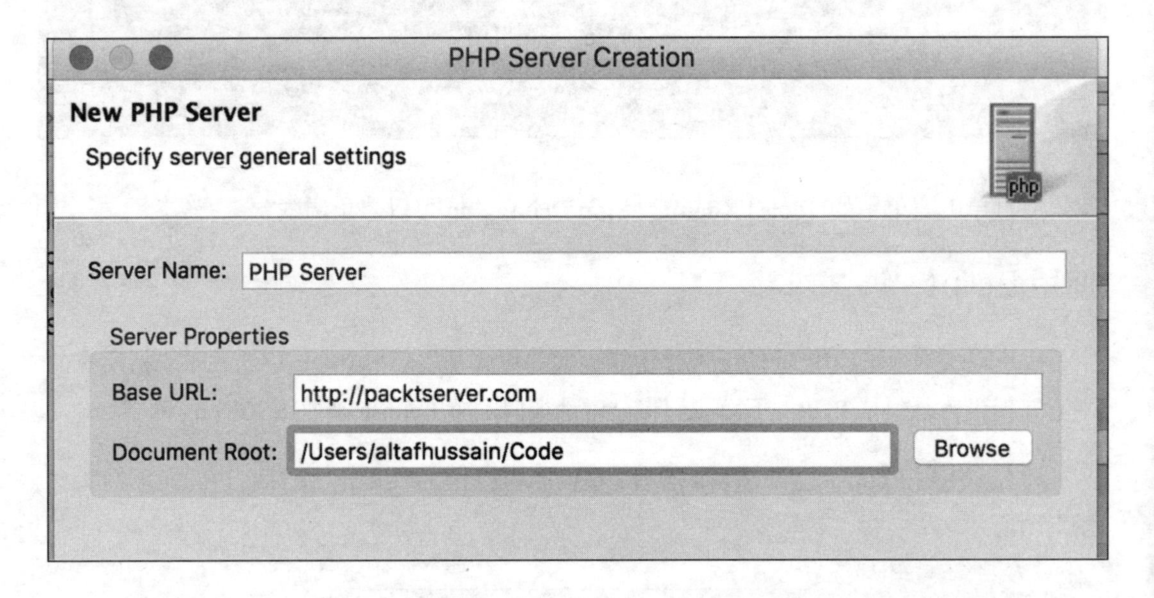

在服务器名称一栏输入 `PHP Server`，服务器可以取任意名字，只要对使用者友好并且易于辨识即可。在 **Base URL** 一栏中输入应用的完整 URL，**Document Root** 一栏应当输入应用根目录的本地路径。在正确输入所有的字段后，单击 **Next** 按钮，我们将会看到如下图所示的界面。

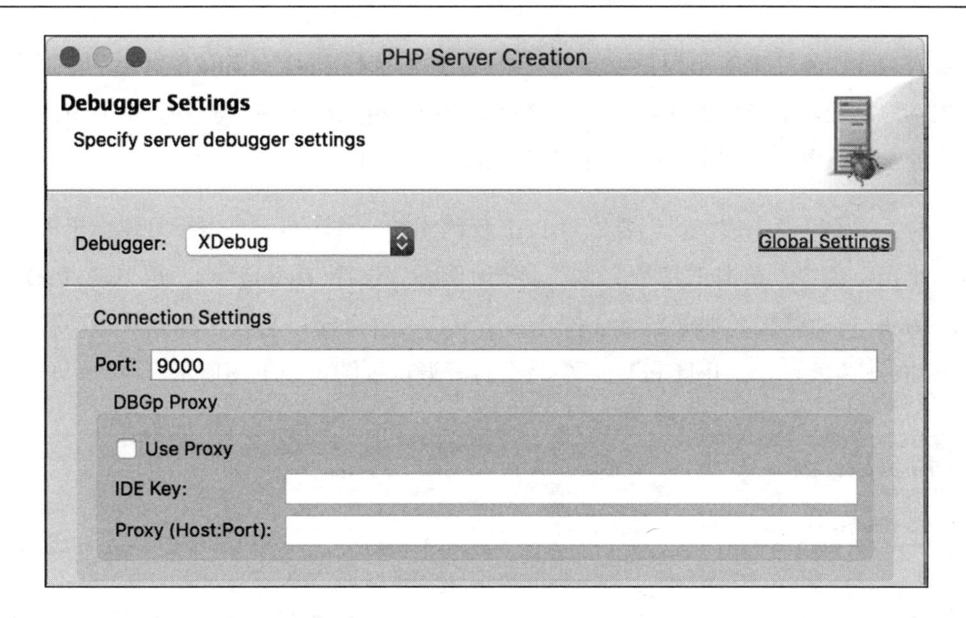

在 **Debugger** 下拉列表中选择 **Xdebug**，其余字段保持默认值。单击 **Next** 按钮将弹出路径映射窗口，将正确的本地路径映射到正确的远程路径很关键。再单击 **Add** 按钮，将显示如下图所示窗口。

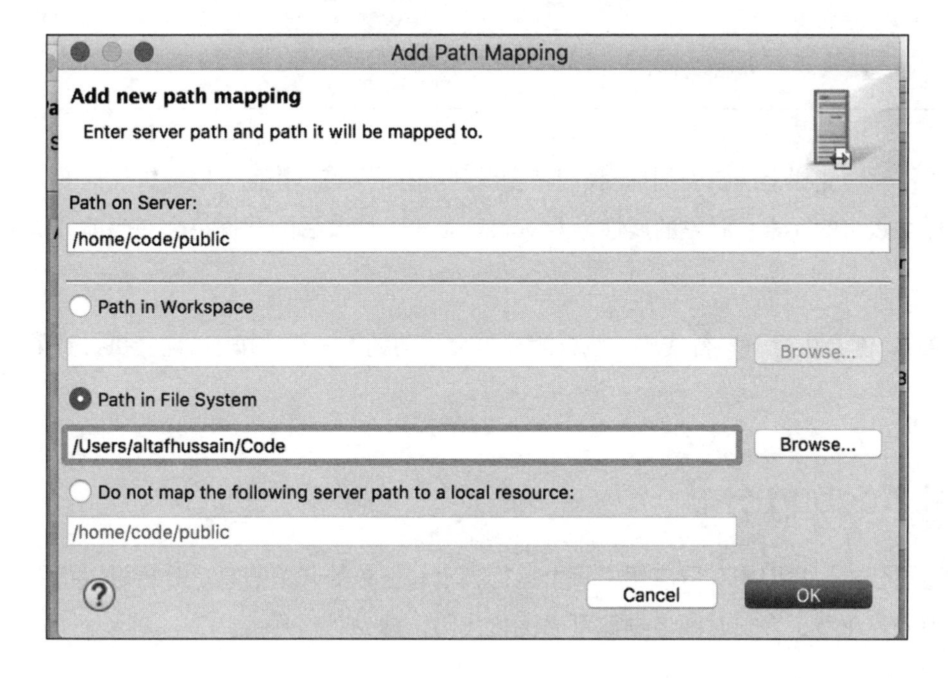

输入远程服务器上应用根目录的绝对路径，然后选择 **Path in File System**，输入应用根目录的本地路径。单击路径映射窗口上的 **OK** 按钮，再点击 **Finish** 按钮，最后单击下一个窗口上的 **Finish** 按钮，这样便完成了 PHP Server 的添加。

此时，配置已经完成，我们要先对 PHP 代码添加一些断点。单击行号将会出现如下图所示的小点，现在，单击工具条上的“虫子”图标，选择 **Debug As**，再单击 **PHP Web Application** 启动调试，浏览器将会打开一个窗口。这个窗口会处于加载状态，和我们用 Sublime Text 调试一样，并且 Eclipse 中将会打开调试视图，如下图所示。

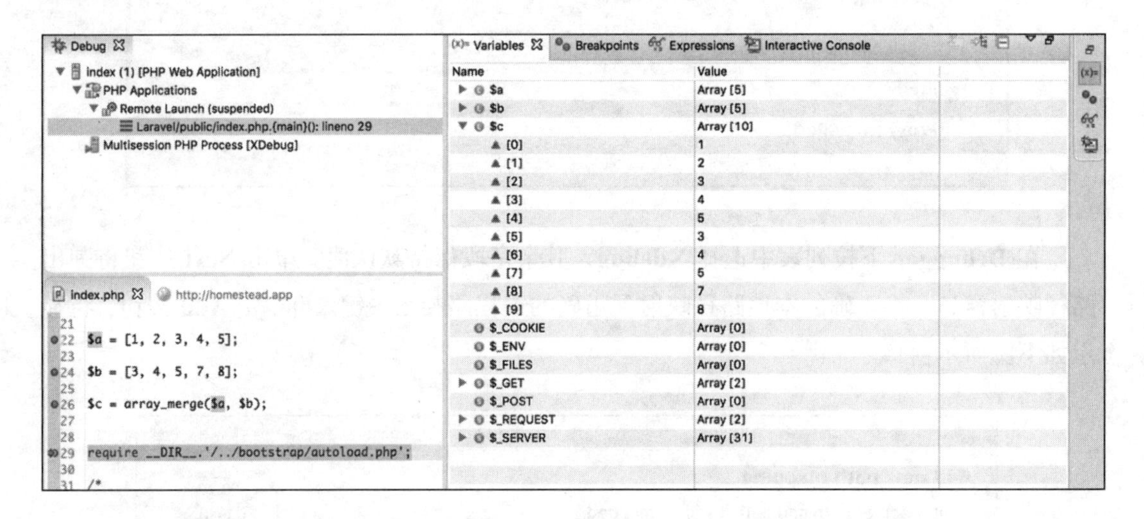

单击右边侧栏上的(X)=图标，我们将会看到所有的变量，并且可以编辑任何变量的值，包括任意数组的元素、对象的属性以及 cookie 数据。修改后的数据将会在当前调试会话内有效。

按 *F5* 键会执行下一行代码，执行游标也会移动到下一行。按 *F6* 键会执行到下一个断点处。

使用 Xdebug 分析

通过分析，我们能获取应用中每个运行脚本和任务的开销信息。分析可以帮助我们了解一项任务花费了多长时间，据此可以优化代码，减少时间开销。

Xdebug 提供了分析器，但分析器默认是关闭的。打开并编辑配置文件，输入下面两行配置，即可开启分析器。

```
xdebug.profiler_enable=on
xdebug.profiler_output_dir=/var/xdebug/profiler/
```

第一行代码开启了分析器，第二行则指定了分析器存放输出文件的目录。第二行很重要，在这个目录中，Xdebug 将会保存分析器执行后的输出文件。输出文件将会以类似 `cachegrind.out.id` 的文件名保存，这个文件用简单的文本格式存储了所有的分析数据。

现在，我们将简单分析 Laravel 应用程序首页的安装，这是一个全新、干净的安装。在浏览器中打开应用，地址中加上`?XDEBUG_PROFILE=on` 参数，具体如下。

```
http://application_url.com?XDEBUG_PROFILE=on
```

当页面加载完毕后，在我们指定的目录中将会生成一个 `cachegrind` 文件。用文本编辑器打开它会看到一些文本数据。

> `cachegrind` 文件可以用许多工具打开。在 Windows 上可以用 WinCacheGrind。对于 Mac 则可以使用 qcachegrind。这些工具采用交互式的、易于分析的方式来显示数据。PHP Storm 有一个针对 cachegrind 的性能很好的分析器。在本书中，我们使用 PHP Storm。

用 PHP Storm 打开 `cachegrind` 文件，我们会看到如下图所示的窗口。

在图中的面板上，我们可以看到执行的统计数据，包括各个被调用的脚本所花费的时长（毫秒）以及被调用的次数。在下方的面板上，可以看到脚本的调用方。

通过这些信息我们可以分析出哪个脚本消耗的时间长，针对这些脚本对其进行优化，减小其执行时间。另外，我们也可以找出在某处是否需要调用特定的脚本，如果不需要，则可以删除这个调用。

Execution Statistics　Call Tree

Callable	Time	Own Time	Calls
Handler.php	4 0.2%	0 0.0%	1 0.0%
Access.php	17 0.9%	6 0.3%	1 0.0%
Permission.php	2 0.1%	0 0.0%	1 0.0%
PermissionGroup.php	1 0.1%	0 0.0%	1 0.0%
Role.php	1 0.1%	0 0.0%	1 0.0%
User.php	5 0.3%	0 0.0%	1 0.0%
Backend.php	59 3.2%	2 0.1%	1 0.0%
LogViewer.php	3 0.2%	0 0.0%	1 0.0%
Controller.php	5 0.3%	0 0.0%	1 0.0%
AuthController.php	7 0.4%	0 0.0%	1 0.0%
PasswordController.php	3 0.2%	0 0.0%	1 0.0%
Kernel.php	3 0.2%	0 0.0%	1 0.0%
EncryptCookies.php	1 0.1%	0 0.0%	1 0.0%

Callees　Callers

Callable	Time	Calls
Access.php	17 0.9%	
▶ Permission.php	2 0.1%	1 0.0%
▶ User.php	5 0.3%	1 0.0%
▶ PermissionGroup.php	1 0.1%	1 0.0%
▶ Role.php	1 0.1%	1 0.0%

PHP DebugBar

PHP DebugBar 是另一款性能很好的工具，在它的页面底部有一个美观、全面的调试信息条。该信息条能显示为了调试而添加的自定义消息以及完整的请求信息，包括`$_COOKIE`、`$_SERVER`、`$_POST`、`$_GET` 数组等。除此之外，PHP DebugBar 还能显示出现的异常详情、数据库查询详情。而且，它能显示脚本占用的内存和页面加载的时长。

根据 PHP Debug 网站上的介绍，DebugBar 很容易与任何应用工程集成，并且能从应用中的任何地方显示调试和分析数据。

DebugBar 安装很容易。你可以下载完整的源码，放到工程中的某处，并设置好自动加载器来加载所有的类。你也可以用 Composer 来安装。我们将使用 Composer，因为这是一种简单干净的安装方式。

Composer 是一个优秀的工具，用来管理 PHP 项目的依赖。该工具采用 PHP 编写，可以免费从 https://getcomposer.org/获取。我们假设 Composer 已经安装在你的机器上了。

打开项目的 composer.json 文件，在 required 一节中加入如下代码。

```
"maximebf/debugbar" : ">=1.10.0"
```

保存文件，然后执行如下命令。

```
composer update
```

Composer 将会开始更新依赖，同时生成自动加载器文件和自动安装 DebugBar 所需的其他依赖。

Composer 命令只有当 Composer 在系统上全局安装时才能起作用。如果不是这样，我们要使用命令 php composer.phar update。这个命令应当在包含 composer.phar 文件的目录中执行。

安装完成之后，DebugBar 的工程树形结构如下图所示。

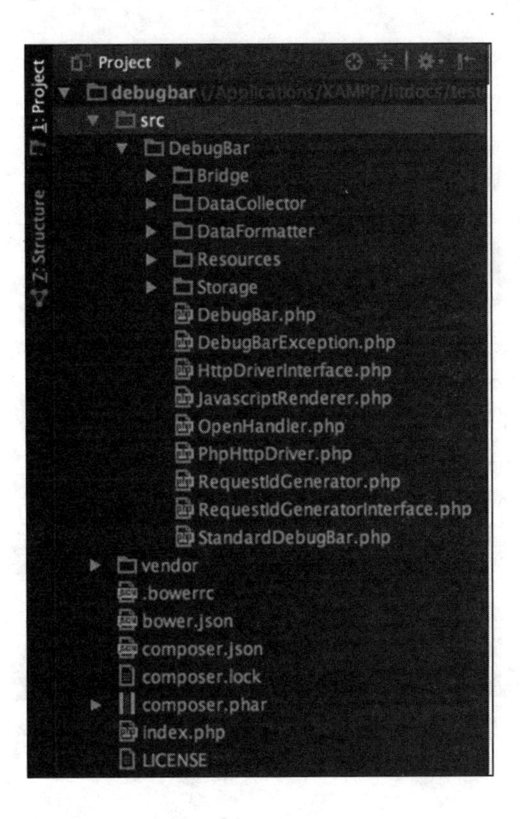

目录的结构可能会稍有不同，但是大体上与我们看到的样子一致。src 文件夹中有 DebugBar 的完整源代码。vendor 文件夹中有一些第三方模块或者 PHP 工具，这些可能需要也可能并不需要。需要注意的是，vendor 文件夹中有用来加载所有类的自动加载器。

下面来检查一下安装是否能生效。在工程根目录中创建新文件，命名为 index. php，在其中输入以下代码。

```
<?php
require "vendor/autoloader.php";
use Debugbar\StandardDebugBar;
$debugger = new StandardDebugBar();
$debugbarRenderer = $debugbar->getJavascriptRenderer();
//Add some messages
$debugbar['messages']->addMessage('PHP 7 by Packt');
$debugbar['messages']->addMessage('Written by Altaf Hussain');

?>


<html>
  <head>
    <?php echo $debugbarRenderer->renderHead(); ?>
  </head>
  <title>Welcome to Debug Bar</title>
  <body>
    <h1>Welcome to Debug Bar</h1>

  <!--显示调试内容-->
  <?php echo $debugbarRenderer->render();  ?>

  </body>
</html>
```

这段代码中首先包含了自动加载器，它是由 Composer 自动生成的，用来自动加载所有的类。然后使用了 DebugBar\StandardDebugbar 命名空间。接着初始化了两个对象 StandardDebugBar 和 getJavascriptRenderer。StandardDebugBar 对象中包含一组对象，这些对象是不同的收集器，例如消息收集器等。getJavascriptRenderer 对象是用来在头部输出必要的 JavaScript 和 CSS 代码并在页面底部显示调试信息条的。

我们使用$debugbar 对象来给消息收集器添加消息。收集器负责从不同的数据源收集数据，数据源包括数据库、HTTP 请求、消息等。

在 HTML 代码的头部，我们使用$debugbarRenderer 对象的 renderHead 方法来输出必要的 JavaScript 和 CSS 代码。然后，在<body>块尾部之前，我们使用同一对象的 reader 方法来显示调试信息条。

现在，用浏览器打开应用，如果能看到浏览器底部出现如下图所示的信息条，则说明 DebugBar 安装成功并且能正常工作了。

在上图右侧，我们能看到应用使用的内存和加载的时长。

单击 **Message** 标签能看到之前添加的消息，如下图所示。

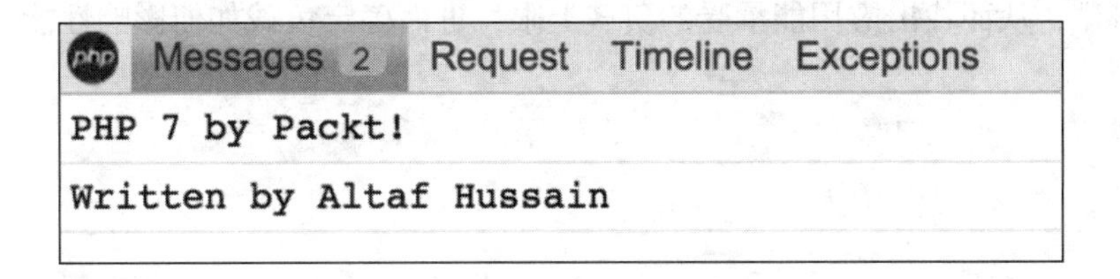

DebugBar 提供了各种数据收集器，用来从不同的数据源收集数据。这些收集器称为基础收集器，其中一部分具有以下特点。

- 消息收集器收集日志消息，就像上面的例子介绍的那样。
- TimeData 收集器收集整体执行时长和特定操作的执行时长。
- 异常收集器显示所有发生过的异常。
- PDO 收集器记录 SQL 操作。

- RequestData 收集器收集 PHP 全局变量的信息，例如`$_SERVER`、`$_POST`、`$_GET` 等。
- 配置收集器用于显示所有的键值对数组。

另外，还有一些收集器提供了收集第三方框架数据的能力，这些框架包括 Twig、Swift Mailer、Doctrine 等，这些收集器被称为桥接收集器。PHP DebugBar 可以很容易地被集成到 Laravel 和 Zend Framework 2 等著名的 PHP 框架中。

完整讨论 PHP DebugBar 在本书中是不现实的，所以这里只进行一个简单的介绍。有许多关于 PHP DebugBar 的很棒的文档提供了全面的细节信息和例子，获取地址是 `http://phpdebugbar.com/docs/readme.html`。

本章小结

本章首先讨论了调试 PHP 应用的各种工具，其中包括 Xdebug、Sublime Text 3 和 Eclipse。然后，我们使用了 Xdebug 分析器来分析应用，获取运行数据。最后，我们讨论了如何用 PHP DebugBar 来调试应用。

在下一章中，我们将讨论压力测试工具。用工具增加应用负载和虚拟访问量，并对其进行压力测试，从而找出应用能承受的负载上限，进而确定负载如何影响性能。

6 PHP 应用的压力/负载测试

应用程序在经过开发、测试、调试和分析优化之后，就可以投入生产了。然而，在部署到生产环境之前，有必要对应用程序进行压力/负载测试。压力测试可以提供运行应用程序的服务器在单位时间内处理请求数量的评估结果，根据这个评估结果，我们可以优化程序、Web 服务器、数据库和缓存，进而获得更好的性能。

在本章中，我们将对运行在 PHP 5.6 和 PHP 7 上的多个开源应用进行压力测试，并比较这些应用程序在不同版本的 PHP 上运行时的性能。

本章包括以下几方面内容：

- Apache JMeter
- ApacheBench (ab)
- Siege
- 在 PHP 5.6 和 PHP 7 上对 Magento 2 进行压力测试
- 在 PHP 5.6 和 PHP 7 上对 Drupal 8 进行压力测试
- 在 PHP 5.6 和 PHP 7 上对 WordPress 进行压力测试

Apache JMeter

Apache JMeter 是一个开源的图形界面工具，用于对服务器的性能进行压力测试。JMeter 完全用 Java 编写，因此可以运行在所有支持 Java 的操作系统上。从静态内容到动态资源以及 Web 服务，JMeter 有一整套扩展工具支持不同种类的压力测试。

JMeter 安装很简单，我们只需在 JMeter 官网下载安装文件，然后运行即可。如上文所说，系统上需要安装 Java。

> JMeter 可以测试 FTP 服务器、邮件服务器、数据库服务器和 Web 服务器等。本书无法涵盖所有这些服务器的测试，因此只介绍对 Web 服务器进行压力测试。Apache JMeter 的特性可以在 `http://jmeter.apache.org/` 上查看。

当打开 JMeter 时，可以看到下图所示的窗口。

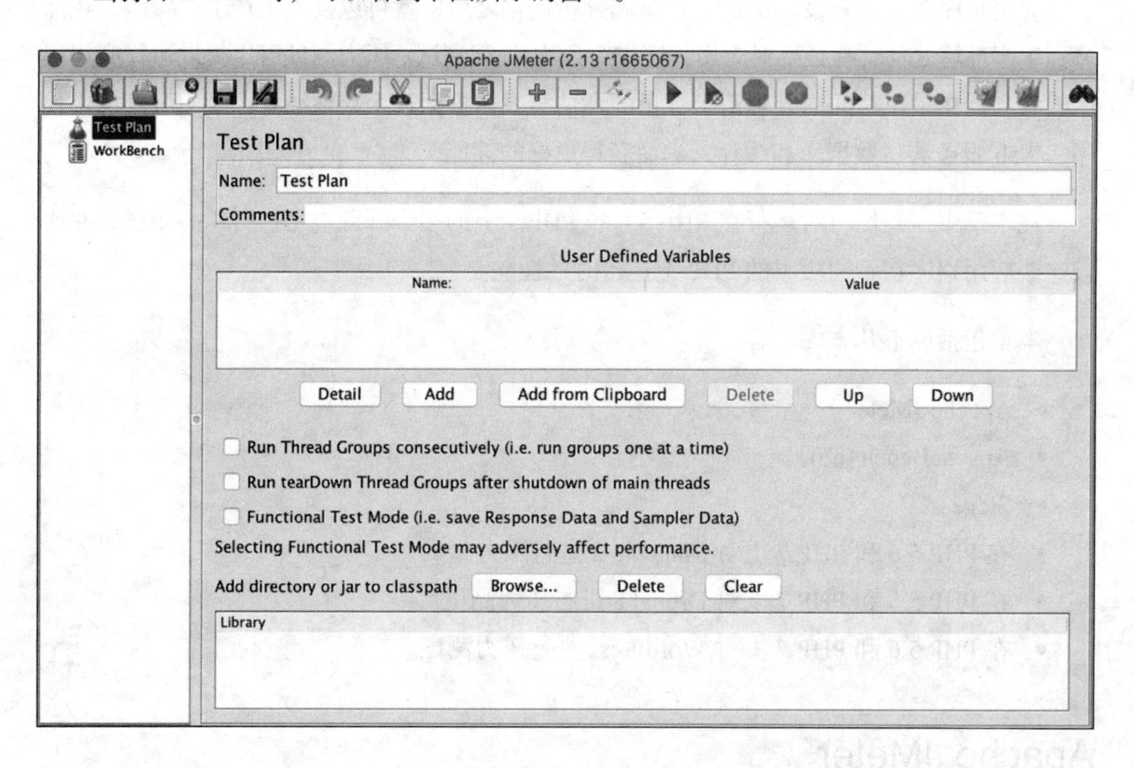

运行任何测试之前都需要创建测试计划。测试计划包含执行测试所需的所有组成部分。JMeter 中默认有一个名为 Test Plan 的测试计划。我们可以为自己的计划取一个名字，例如 `Packt Publisher Test Plan`，如下图所示。

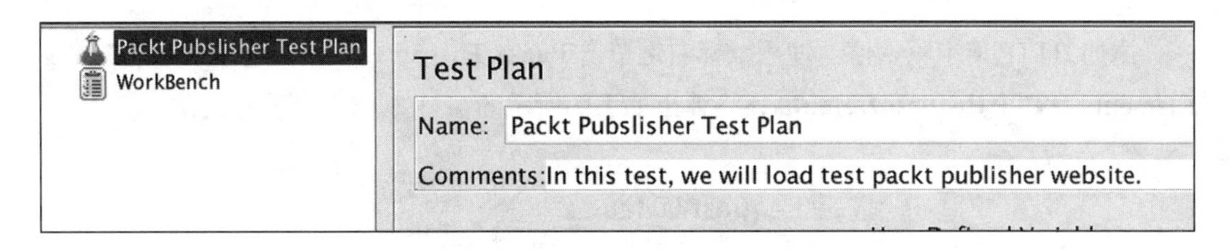

保存测试计划，JMeter 将创建一个`.jmx`文件，我们要将该文件保存在一个合适的位置。

下一步是添加线程组。线程组定义了测试计划的基本属性，基本属性在所有类型的测试中都是通用的。使用鼠标右键单击左边面板的测试计划，然后选择 **Add | Threads (Users) | Thread Group**，将出现如下图所示的窗口。

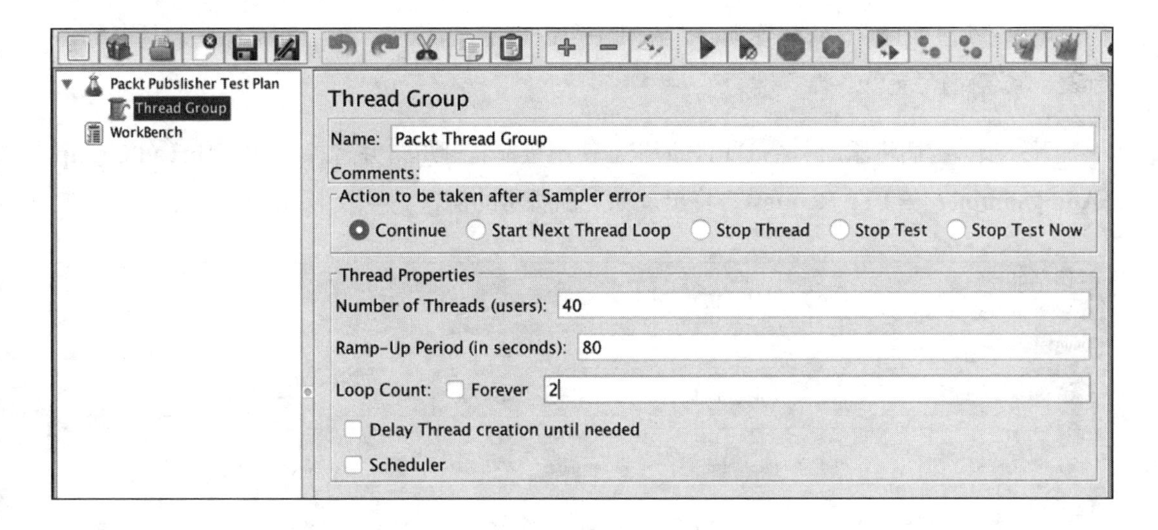

线程组有以下几个重要属性。

- **线程数量**：代表虚拟用户的数目。
- **启动时间**：告诉 JMeter 需要多长时间来完全启动所有的线程。例如在上图中，我们配置了 40 个线程和 80 秒的启动时间，则 JMeter 将用 80 秒来完成 40 个线程的启动，也就是每 2 秒启动一个线程。
- **循环次数**：告诉 JMeter 运行这个线程组多少次。
- **时间计划**：用于设定线程组稍后执行的时间计划。

添加 HTTP 请求默认值。使用鼠标右键单击 **Packt Thread Group**，选择 **Add | Config Element | HTTP Request Defaults**，将弹出如下图所示的窗口。

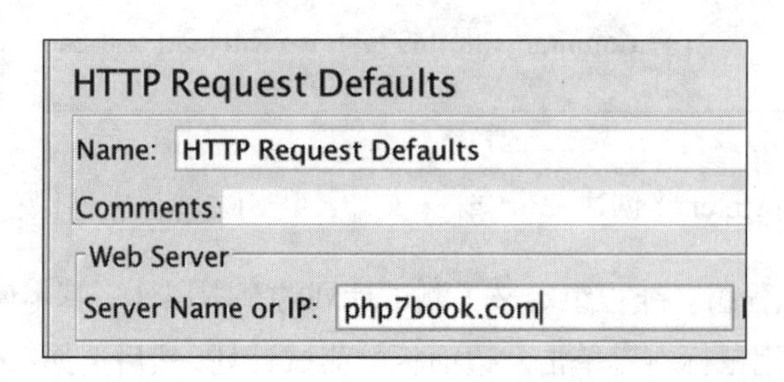

在上图中，我们只需输入应用的 URL 或 IP 即可。如果 Web 服务器使用了 cookies，我们也可以添加 HTTP Cookie 管理器，在其中可以自定义 cookies 的所有数据，包括名称、数值、域名路径等。

下一步，我们将添加一个 HTTP 请求。使用鼠标右键单击并选择 **Packt Thread Group | Add | Sampler | HTTP Request**，将出现如下图所示的窗口。

HTTP Request
Name: HTTP Request
Comments:
Web Server
Server Name or IP: Port Number:
Timeouts (milliseconds)
Connect: Response:
HTTP Request
Implementation: Protocol [http]: Method: GET Content encoding:
Path: /
Redirect Automatically | Follow Redirects | Use KeepAlive | Use multipart/form-data for POST | Browser-compatible headers
Parameters | Body Data
Send Parameters With the Request:
Name: | Value | Encode? | Include Equals?
Detail | Add | Add from Clipboard | Delete | Up | Down
Send Files With the Request:
File Path: | Parameter Name: | MIME Type:
Add | Browse... | Delete

这里的关键字段是 **Path**。若我们只希望对首页进行压力测试，则在 **Path** 字段中只输入一个斜杠（/）即可。如果希望压力测试另一个路径，比如 Contact us，就需要添加另一个 HTTP 请求的采样器，如上图所示，然后再在 **Path** 字段中输入 `path/contact-us`。

HTTP 请求采样器可以用于测试表单，在 **Method** 字段上选择 POST 方法，将 POST 请求发送给目标 URL 即可。同样地，文件上传也能被支持。

下一步是添加一些监听器。监听器提供了许多用于显示结果的方式。结果可以用表格显示，不同种类的图形可以保存在一个文件中。对于线程组，我们将添加三个监听器：结果表格视图、响应时间图、图形结果，每个监听器视图用于显示不同种类的数据。使用鼠标右键单击 **Packt Thread Group**，然后选择 **Add | Listeners**，我们将看到所有可用监听器的完整列表，逐个添加上面提到的三个监听器，最终 JMeter 左侧的 **Packt Publisher Test Plan** 面板将如下图所示。

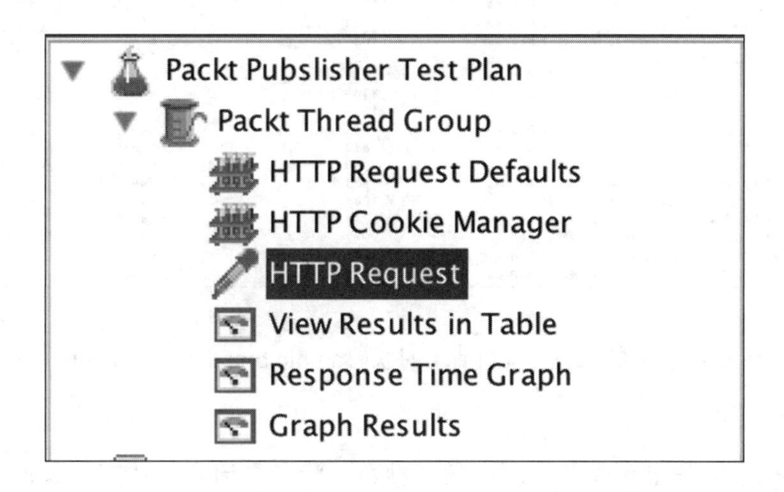

现在，我们已准备好运行测试计划。单击上方工具条中的 **Start** 按钮。

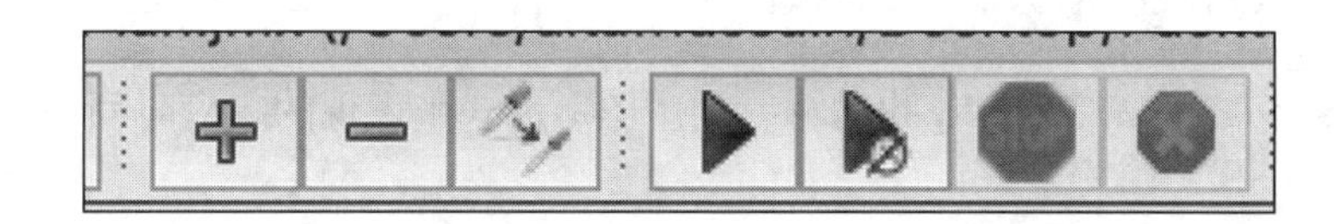

单击了 **Start** 按钮（朝向右的绿色箭头图标）后，JMeter 就开始执行测试计划了。然后，单击左侧面板上的 **View Result in Table**，我们将通过表格观察到每个请求的详情，如下图所示。

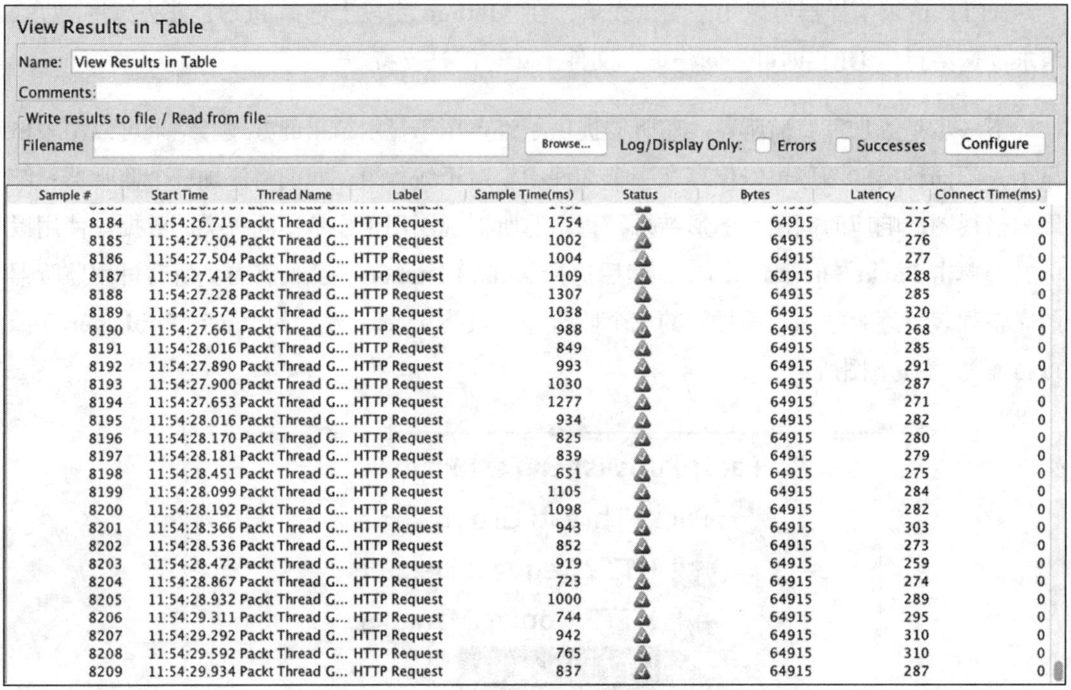

View Results in Table

Name: View Results in Table

Comments:

Write results to file / Read from file

Filename　Browse...　Log/Display Only: Errors　Successes　Configure

Sample #	Start Time	Thread Name	Label	Sample Time(ms)	Status	Bytes	Latency	Connect Time(ms)
8184	11:54:26.715	Packt Thread G...	HTTP Request	1754		64915	275	0
8185	11:54:27.504	Packt Thread G...	HTTP Request	1002		64915	276	0
8186	11:54:27.504	Packt Thread G...	HTTP Request	1004		64915	277	0
8187	11:54:27.412	Packt Thread G...	HTTP Request	1109		64915	288	0
8188	11:54:27.228	Packt Thread G...	HTTP Request	1307		64915	285	0
8189	11:54:27.574	Packt Thread G...	HTTP Request	1038		64915	320	0
8190	11:54:27.661	Packt Thread G...	HTTP Request	988		64915	268	0
8191	11:54:28.016	Packt Thread G...	HTTP Request	849		64915	285	0
8192	11:54:27.890	Packt Thread G...	HTTP Request	993		64915	291	0
8193	11:54:27.900	Packt Thread G...	HTTP Request	1030		64915	287	0
8194	11:54:27.653	Packt Thread G...	HTTP Request	1277		64915	271	0
8195	11:54:28.016	Packt Thread G...	HTTP Request	934		64915	282	0
8196	11:54:28.170	Packt Thread G...	HTTP Request	825		64915	280	0
8197	11:54:28.181	Packt Thread G...	HTTP Request	839		64915	279	0
8198	11:54:28.451	Packt Thread G...	HTTP Request	651		64915	275	0
8199	11:54:28.099	Packt Thread G...	HTTP Request	1105		64915	284	0
8200	11:54:28.192	Packt Thread G...	HTTP Request	1098		64915	282	0
8201	11:54:28.366	Packt Thread G...	HTTP Request	943		64915	303	0
8202	11:54:28.536	Packt Thread G...	HTTP Request	852		64915	273	0
8203	11:54:28.472	Packt Thread G...	HTTP Request	919		64915	259	0
8204	11:54:28.867	Packt Thread G...	HTTP Request	723		64915	274	0
8205	11:54:28.932	Packt Thread G...	HTTP Request	1000		64915	289	0
8206	11:54:29.311	Packt Thread G...	HTTP Request	744		64915	295	0
8207	11:54:29.292	Packt Thread G...	HTTP Request	942		64915	310	0
8208	11:54:29.592	Packt Thread G...	HTTP Request	765		64915	310	0
8209	11:54:29.934	Packt Thread G...	HTTP Request	837		64915	287	0

上图列出了一些有趣的数据，例如请求时长（sample time）、状态（status）、字节数（bytes）和延迟（latency）。

请求时长是服务器完成请求所需的毫秒数。**状态**是请求的状态，其值可以是成功（success）、警告（warning）或错误（error）。**字节数**是从这个请求收到的响应的字节数量。**延迟**是 JMeter 收到初始响应所等待的毫秒数。

单击 **Response Time Graph**，我们将看到用图形形式来表现的响应时间，如下图所示。

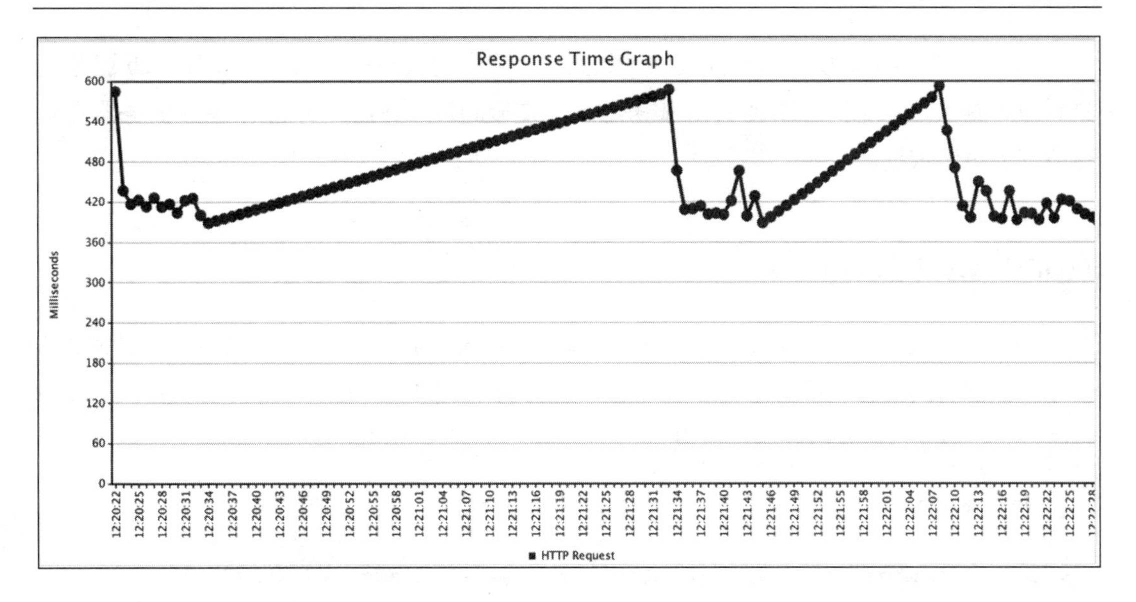

最后，单击 **Graph Result**，我们将看到响应时间数据以及它们的平均值、中位数值、偏差值和吞吐量的图形，如下图所示。

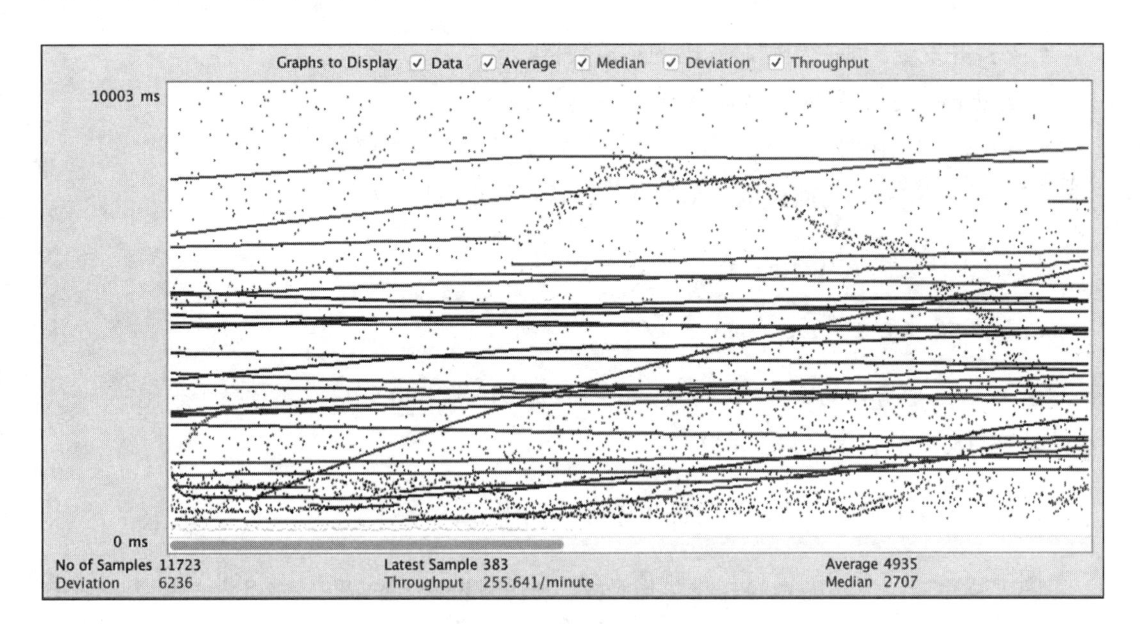

Apache JMeter 提供了一套强大的工具集，可以通过模拟用户的方式来对 Web 服务器进行压力测试。它能找出导致 Web 服务器响应变慢的负载数据，为优化 Web 服务器和应用程序提供了依据。

ApacheBench (ab)

ApacheBench (ab)同样出自 Apache 基金会。ApacheBench (ab)是一个命令行工具，也是命令行爱好者的福音。通常，大多数 Linux 发行版本中默认安装了 ab，它也随着 Apache HTTP Web 服务器一起被安装，所以你如果安装了 Apache，就也安装了 ab。

ab 命令的基本语法如下。

```
ab -n <Number_Requests> -c <Concurrency> <Address>:<Port><Path>
```

我们来看看各部分的含义。

- `n`：发送测试请求的总数目。
- `c`：并发量，即一次同时发出的请求数目。
- `Address`：应用的域名或 Web 服务器的 IP。
- `Port`：应用的端口号。
- `Path`：进行压力测试的应用的路径，首页使用斜杠（`/`）。

用 ab 工具实施压力测试，命令如下。

```
ab -n 500 -c 10 packtpub.com/
```

由于 Web 服务器的默认端口号是 80，所以不用指明 80 端口。注意命令末尾的斜杠，在此处是有必要的，因为它表示路径。

执行完上面的命令之后，我们将会看到如下图所示的输出。

图中包含一些有用的信息：每秒请求数（Requests per second）为 **490.30**；压力测试所用的总时间（Time taken for tests）为 **1.02 秒**；最短时间请求为 **20ms**；最长时间请求为 **52ms**。

```
Document Path:          /
Document Length:        0 bytes

Concurrency Level:      10
Time taken for tests:   1.020 seconds
Complete requests:      500
Failed requests:        0
Write errors:           0
Non-2xx responses:      500
Total transferred:      109000 bytes
HTML transferred:       0 bytes
Requests per second:    490.30 [#/sec] (mean)
Time per request:       20.396 [ms] (mean)
Time per request:       2.040 [ms] (mean, across all concurrent
Transfer rate:          104.38 [Kbytes/sec] received

Connection Times (ms)
              min  mean[+/-sd] median   max
Connect:       10   10   0.1     10      12
Processing:    10   10   2.2     10      43
Waiting:       10   10   2.2     10      43
Total:         19   20   2.2     20      52

Percentage of the requests served within a certain time (ms)
  50%     20
  66%     20
  75%     20
  80%     20
  90%     20
  95%     20
  98%     22
  99%     28
 100%     52 (longest request)

~ #
```

通过增加请求数和并发量，同时观察服务器的性能，我们可以知道服务器的负载上限。

Siege

Siege 是另一款用于测试负载和性能的开源命令行工具，它是一个 HTTP/FTP 负载测试和基准测试实用程序。Siege 是为开发者和系统管理员设计的，用于评估应用程序在一定负载下的性能。Siege 能给服务器发送可配置数量的并发请求，这些请求会让服务器处于“围攻”（围攻是 siege 一词的中文含义）之下。

Siege 的安装非常容易。对于 Linux 和 Mac OS X 系统，在终端执行以下命令来下载 Siege。

```
wget http://download.joedog.org/siege/siege-3.1.4.tar.gz
```

上述命令将下载 Siege 的 TAR 压缩包，要用如下命令解压。

```
tar -xvf siege-3.1.4.tar.gz
```

现在，所有的源码文件都在 siege-3.1.4 目录中。在终端中依次用如下命令来编译和安装 siege。

```
cd siege-3.1.4
./configure
make
make install
```

至此，Siege 安装完成。为了验证 Siege 是否安装成功，用如下命令来查看 Siege 的版本。

```
siege -V
```

如果输出了 Siege 的版本以及其他一些信息，便说明 Siege 已安装成功了。

在本书写作时，Siege 的稳定版本为 3.1.4。Siege 没有对 Windows 系统提供原生支持，但是可以用 Siege 来对 Windows 服务器进行压力测试和基准测试。

现在，我们用 Siege 来进行压力测试。用下面的命令来执行一个基本的压力测试。

```
siege some_url_or_ip
```

我们需要输入待测试应用的 URL 或者服务器 IP，Siege 将会启动测试。使用 *Ctrl+C*

来结束测试，得到如下输出。

```
^C
Lifting the server siege..      done.

Transactions:                     223 hits
Availability:                  100.00 %
Elapsed time:                   14.52 secs
Data transferred:                2.77 MB
Response time:                   0.40 secs
Transaction rate:               15.36 trans/sec
Throughput:                      0.19 MB/sec
Concurrency:                     6.18
Successful transactions:          223
Failed transactions:                0
Longest transaction:             1.22
Shortest transaction:            0.36

LOG FILE: /usr/local/var/siege.log
```

在上图中，我们可以看到**事务数目**（Transactions）、**响应时间**（Response Time）、**事务率**（Transaction rate）、**最长时间事务**（Longest transaction）、**最短时间事务**（Shortest transaction）等信息。

Siege 默认创建 15 个并发用户。这个数目可以使用`-c`选项来指定，如下所示。

```
siege url_or_ip -c 100
```

但是，Siege 对并发用户数目上限有要求，对于不同的操作系统上限可能不同。上限可以在 Siege 配置文件中设置，在终端中执行以下命令可以显示配置文件路径和并发用户上限。

```
siege -C
```

这将显示配置选项的列表以及配置文件的路径。打开配置文件，找到并发量配置，修改为所需的合适值。

Siege 的另一个重要特性是可以用一个文件包含所有需要测试的 URL，每个 URL 占一行。命令如下，Siege 使用-f 选项来指定包含待测试 URL 的文件。

```
siege -f /path/to/url/file.txt -c 120
```

Siege 将加载指定的文件，并开始对每个 URL 进行压力测试。

Siege 另一个有趣的特性是网络模式，可以用-i 标志来进入，命令如下。

```
siege -if path_to_urls_file -c 120
```

在网络模式下，每个 URL 是随机被选中的，模拟真实世界的情形，我们无法预测哪个 URL 将被选中。

Siege 有许多有用的选项和特性。详细列表可以在官方文档中找到，地址是 https://www.joedog.org/siege- manual/。

实际项目中应用程序的压力测试

在本章中，我们讨论了三个用于进行压力测试的工具。现在，是时候来测试实际项目中的应用程序了。在本节中，我们将对 Magento 2、Drupal 8 和 WordPress 4 进行压力测试，所有开源应用程序将使用它们的默认数据。

有三台配置了 Nginx 作为 Web 服务器的 VPS。第一台 VPS 安装了 PHP 5.5-FPM，第二台安装了 PHP 5.6-FPM，第三台安装了 PHP 7-FPM。三台 VPS 的硬件配置完全相同，所有待测试的应用程序使用相同的数据和版本。

用这种方式，我们将对运行于 PHP 5.5、PHP 5.6 和 PHP 7 上的应用程序进行基准测试，观测这些应用在不同版本的 PHP 上的运行速度。

在本节中，我们将不会讨论 Nginx、PHP 和数据库服务器的配置。假设 VPS 已经配置好，并且 Magento 2、Drupal 8 和 WordPress 4 已经安装完成。

Magento 2

Magento 2 已经安装在所有的 VPS 上，缓存都已开启，PHP OPcache 也已启用。当运行完测试后，我们得到三个 Magento 2 的平均结果，如下图所示。

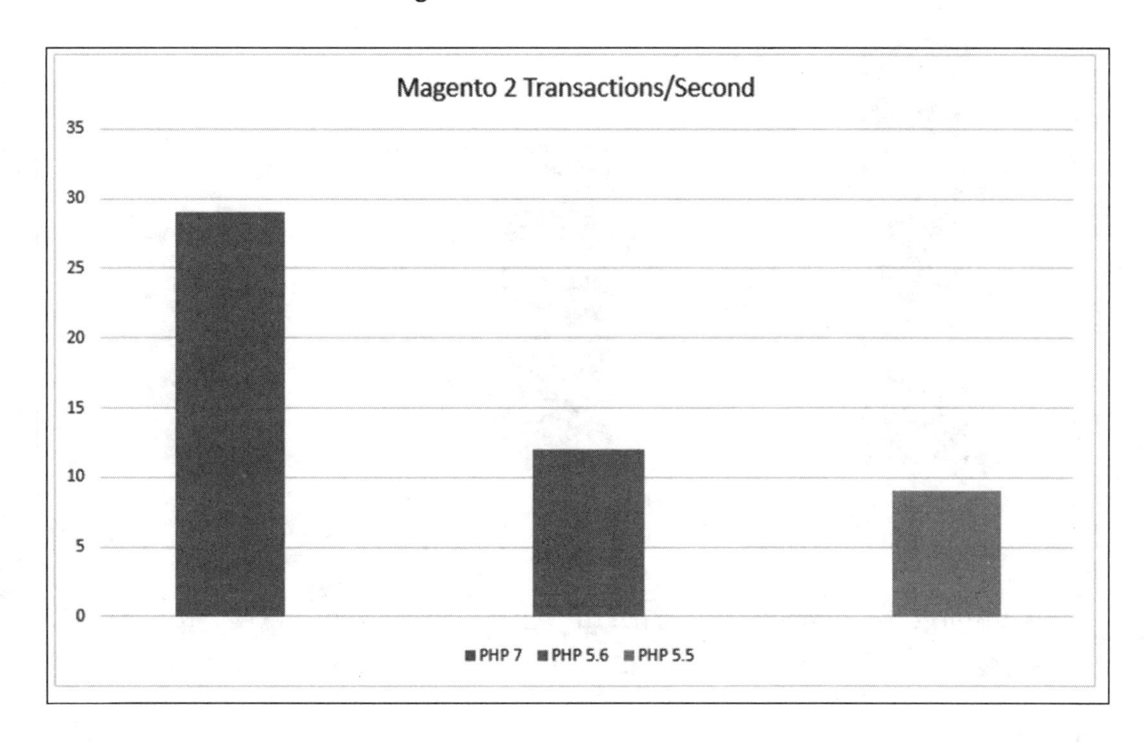

在上图中，纵坐标（*Y* 轴）代表每秒事务数。从图中可以看出：PHP 7 上的 Magento 2 能达到每秒 29 个事务；而同样的 Magento 2 运行于 PHP 5.6 上，只达到每秒 12 个事务；在 PHP 5.5 上每秒只有 9 个事务。在这个例子中，Magento 运行在 PHP 7 上比在 PHP 5.6 上快 241%，比在 PHP 5.5 上快 320%，PHP 7 相对于 PHP 5.6 和 PHP 5.5 有着巨大的性能提升。

WordPress 4

WordPress 4 已经安装在所有的 VPS 上。但是 WordPress 没有内置默认缓存，我们将不安装任何第三方模块，不使用缓存，只开启 PHP OPcache。结果仍然比较直观，如下图所示。

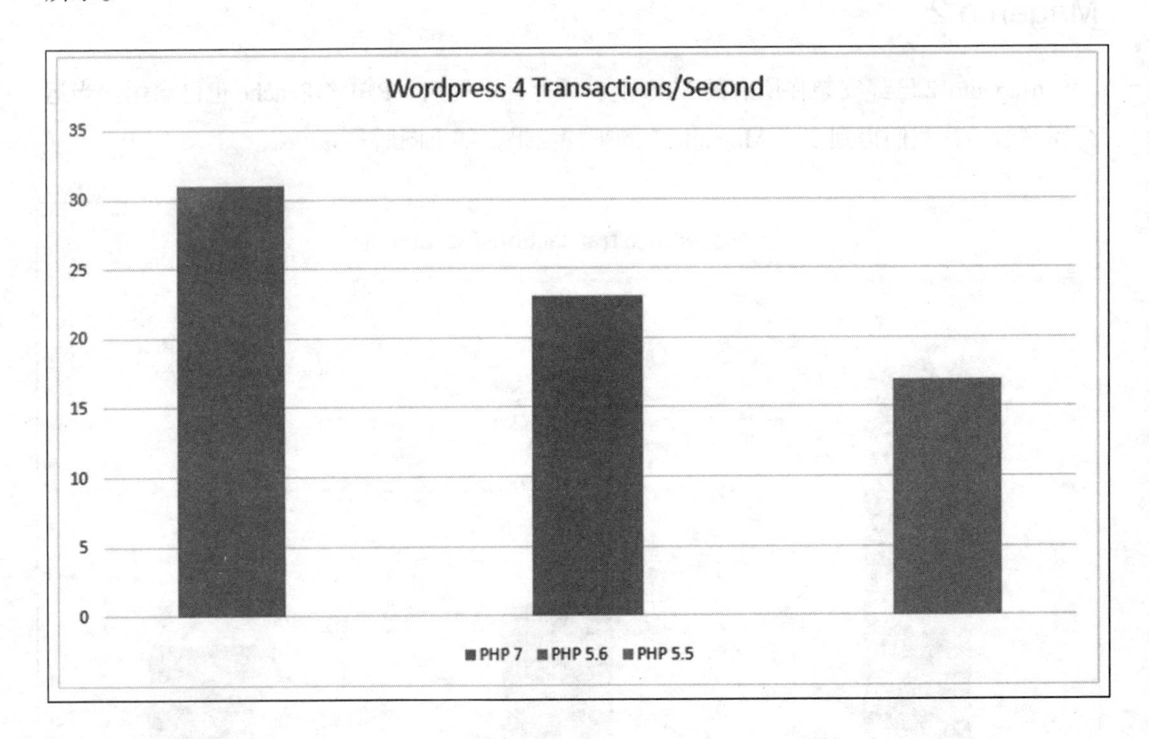

从上图可以看出，WordPress 运行在 PHP 7 上比在 PHP 5.6 上快 135%，比在 PHP 5.5 上快 182%。

Drupal 8

使用相同的 VPS 环境来运行 PHP 5.5、PHP 5.6 和 PHP 7，Drupal 8 默认缓存是开启的。在测试了 Drupal 8 的首页之后，得到下图。

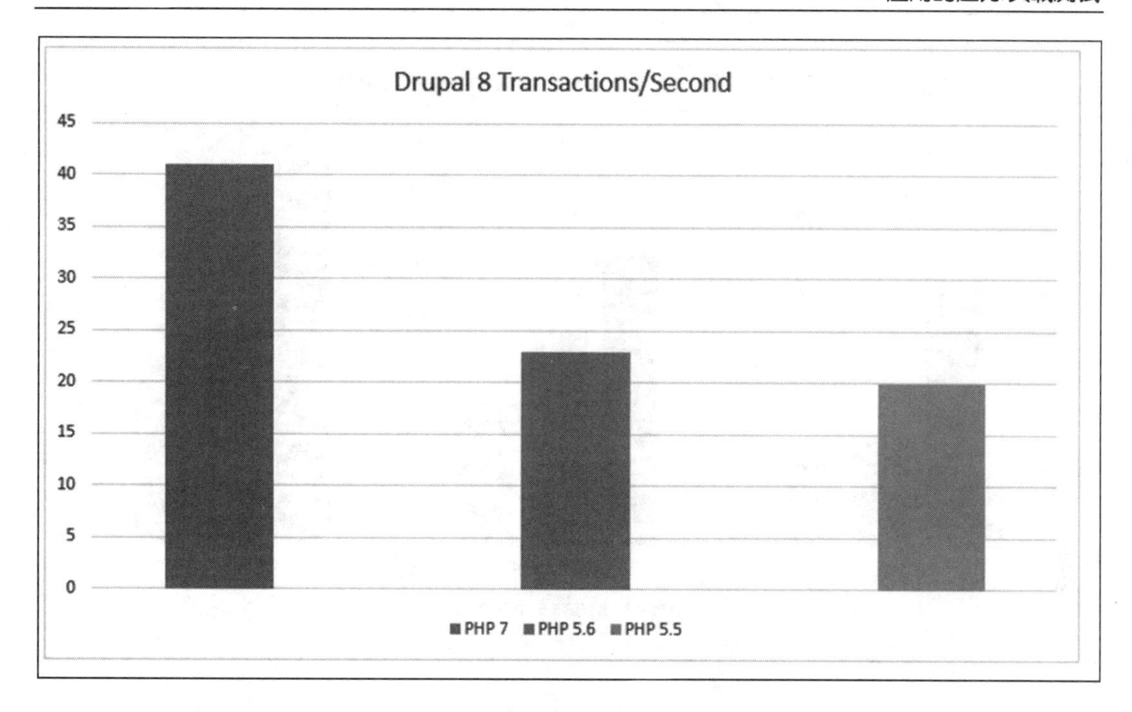

结果显示，Drupal 8 运行在 PHP 7 上比在 PHP 5.6 上快 178%，比在 PHP 5.5 上快 205%。

在以上各图中，所有数值都是近似值。如果使用低功耗的硬件，会产生更低的数值。如果使用更加强大的多核专用服务器来运行 Web 服务器和数据库，将得到更高的数值。要说明的结论是，使用 PHP 7 总能获得比使用 PHP 5.6 和 PHP 5.5 更好的性能。

下图聚合了所有压力测试数据，显示了在运行不同的应用程序时 PHP 7 较 PHP 5.6 和 PHP 5.5 的性能提升。

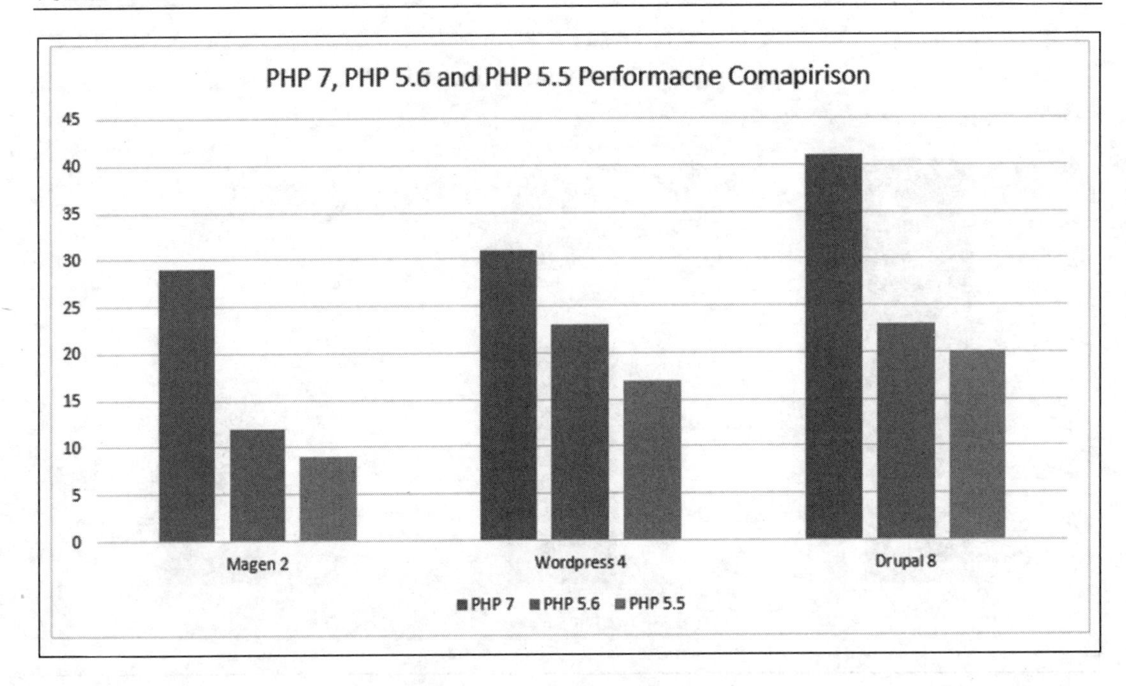

本章小结

在本章中，我们讨论了几个压力测试和基准测试工具，例如 JMeter、ApacheBench (ab) 和 Siege，使用每一个工具来进行压力测试，并讨论了输出结果及结果含义。最后，我们对三个著名开源应用 Magento 2、WordPress 4 和 Drupal 8 进行了压力测试，并对每个应用在 PHP 7、PHP 5.6 和 PHP 5.5 上的每秒事务数进行了绘图比较。

在下一章中，我们将讨论 PHP 开发的最佳实践。这些最佳实践不仅限于 PHP，还可以用于其他任何编程语言。

7

PHP 编程最佳实践

之前我们讨论了与性能相关的话题，本章来讨论 PHP 应用开发部署的最佳实践。这个话题很宽泛，我们将简明扼要进行介绍。PHP 可以让不同水平的开发者轻松快速地编写高质量的代码，然而当应用变得复杂时，我们往往会忘记最佳实践。为了产出一个高性能的 PHP 应用，在编写每行代码时都要牢记，性能是最优先考虑的。

本章将包括以下内容：

- 代码风格
- 设计模式
- 面向服务的体系架构（SOA）
- 测试驱动开发（TDD）和单元测试（PHPUnit）
- PHP 框架
- 版本控制和 Git
- 部署

代码风格

目前有很多代码风格规范，例如 PSR-0、PSR-1、PSR-2、PSR-3 等。虽然开发者可以根据自己所需选用不同的代码风格，但是为了使代码可读性更强，一般都会选用与所用类库风格一致的代码。例如 Laravel 使用 PSR-1 和 PSR-4 代码规范，所以当我们基于 Laravel

进行开发的时候就应该遵循对应的代码规范。另一些框架遵循 PSR-2 代码风格规范，比如 Yii 2 和 **Zend Framework 2**。这些框架都不会只遵循一套规范，绝大多数都会根据自身需求混合多种风格规范。

要注意的是，遵循应用中类库使用的代码规范即可。当然一个组织的内部项目也可以有自己的代码风格。对于编程来说代码规范不是必需的，但是对于编写可读性高、易懂易维护的高质量代码来说，是必需的。

PHP 通用性框架小组（PHP-FIG）是一个定义 PHP 代码风格的组织，想要了解关于 PSR 规范的更多细节可以浏览该组织的网站 `http://www.php-fig.org/`。

下面我们不单纯讨论某一具体的代码规范，来谈谈代码风格方面的最佳实践。

- 类名中每个单词的首字母必须大写，左大括号应该在类名后新起一行，右大括号应该在类结束后新起一行，如下所示。

  ```
  class Foo
  {
    ...
    ...
    ...
  }
  ```

- 类的方法和函数命名应该是驼峰式的。左大括号应该在方法名后新起一行，右大括号在函数定义结束后新起一行，方法名及其后面的括号中间不应该有空格。同理，第一个参数和前面的括号、最后一个参数和后面的括号之间也都不应该有空格。每个参数和紧跟着的逗号之间不应有空格，但逗号和后面的参数之间应该用空格分割。示例如下。

  ```
  public function phpBook($arg1, $arg2, $arg3)
  {
    ...
    ...
    ...
  }
  ```

- 命名空间的声明之后应该空一行。如果用到 `use xxx;`的话，它们应该在命名空间声明之后且一行一个，use 和后面的内容之间应有一个空格。`extends` 和 `implements` 关键字应该和类声明在同一行。示例如下。

```
namespace Packt\Videos;

use Packt\Books;
use Packt\Presentations;

class PacktClass extends VideosClass implements BaseClass
{
  ...
  ...
  ...
}
```

- Visibility 类的所有属性都应该明确指出其可见性（private protected public）并且属性名应该是驼峰式的。对于私有属性和受保护的属性，属性名不可以用下划线作为前缀。示例如下。

```
class PacktClass
{
  public $books;
  private $electronicBooks;
  ...
  ...
  ...
}
```

- 要是有 `abstract` 关键字的话，则一定是在 `class` 关键字之前的，`final` 关键字则应该在方法可见性之前。此外，`static` 关键字是在方法可见性之后的。示例如下。

```
abstract class PacktClass
{
  final public static function favoriteBooks()
  {
```

```
        ...
        ...
        ...
    }
}
```

- 所有 PHP 关键字都应该小写，包括 `true` 和 `false`。产量都应该大写。
- 对于所有控制结构语句，控制结构关键词后都应该有空格。若控制结构中含有表达式，表达式和外面的括号之间不应有空格，后面的代码段也不应该有。括号和左大括号之间应该有一个空格，控制结构语句的左大括号应该和控制结构在同一行，结束的右括号则在代码段之后新起一行。示例如下。

```
if ($book == "PHP 7") {
  ...
  ...
  ...
} else {
  ...
  ...
  ...
}
```

- 循环语句的空格使用如下。

```
for ($h = 0; $h < 10; $h++) {
 ...
 ...
 ...
}

foreach ($books as $key => $value) {
 ...
 ...
 ...
}
```

```
while ($book) {
 ...
 ...
 ...
}
```

在本书中，笔者没有刻意遵守“控制结构语句的左大括号与结构声明在同一行”的规则，而是一直都新起一行。这是个人习惯，这个规范每个人都可以遵循。

使代码更专业且可读性更高的规范就应该去遵循。另外，不要认为自己可以设计一套新规范，老老实实遵循这些既有规范即可。

测试驱动开发（TDD）

测试驱动开发就是在开发的时候测试应用方方面面的性能。具体是指开发前书写测试用例，开发时通过测试，或者类库构建完成后再进行测试。测试对应用是非常重要的，不测试就启动一个应用相当于不带降落伞从 30 层楼跳下。

PHP 原生虽然未提供测试的内建特性，但是其他测试框架依然可以用来实现这个功能。应用最为广泛的类库之一就是 PHPUnit，它是一个非常强大的工具，提供了许多功能。让我们来一睹为快吧。

安装 PHPUnit 非常简单，下载安装文件并放到项目根目录下，能从命令行访问到即可。

PHPUnit 的安装、基础细节、现有特性及使用范例可以参见如下链接 https://phpunit.de/。

举个简单的例子，假设有 Book 类如下。

```
class Book
{
  public $title;
  public function __construct($title)
  {
```

```
    $this->title = $title;
  }

  public function getBook()
  {
    return $this->title;
  }
}
```

这个简单的类就是在实例化时初始化 title 属性的，getBook 方法被调用的时候就返回类的标题。

现在，我们想写一个测试来检查调用 getBook 的时候能否返回 PHP 7 标题，创建测试的步骤如下。

1. 在项目根目录下创建 tests 目录，在 tests 目录下创建 BookTest.php 文件。
2. 将下面这段代码输入到 BookTest.php 文件中。

```
include (__DIR__.'/../Book.php');

class BookTest extends PHPUnit_Framework_TestCase
{
  public function testBookClass()
  {


    $expected = 'PHP 7';
    $book = new Book('PHP 7');
    $actual = $book->getBook();
    $this->assertEquals($expected, $book);


  }
}
```

3. 写第一个测试。类名叫 BookTest 且继承 PHPUnit_Framework_TestCase 类。

我们可以随便命名测试类，但这个命名要易于识别且能反映要测试的是哪个类。

4. 加一个 `testBookClass` 方法。同样可以为这个方法随便命名，但是要以 `test` 开始。否则 PHPUnit 不会执行这个方法反而还会提示警告（在这个例子里提示“找不到测试”）。

在 `testBookClass` 方法里创建了一个 `Book` 类对象并传了 `PHP 7` 作为标题。然后使用 `Book` 类的 `getBook` 方法获得标题。最关键的部分是最后一行代码，执行断言并检查 `getBook` 返回的数据是否是所期望的。

5. 现在可以运行第一个测试了。在项目根目录中打开命令行或终端，执行如下命令。

`php phpunit.phar tests/BookTest.php`

命令执行后可以看到如下图所示的输出。

```
/Applications/XAMPP/xamppfiles/htdocs/tests/php7/phpunit » php phpunit.phar tests/BookTest.php
PHPUnit 5.2.11 by Sebastian Bergmann and contributors.

.                                                                   1 / 1 (100%)

Time: 62 ms, Memory: 10.50Mb

OK (1 test, 1 assertion)
```

测试符合标准，执行成功。

6. 稍微进行改动，将 `PHP` 传给 `Book` 类，代码如下。

```
public function testBookClass()
{
  $book = new Book('PHP');
  $title = $book->getBook();
  $this->assertEquals('PHP 7', $book);
}
```

7. 我们想要得到 `PHP 7`，但 `Book` 类却返回 `PHP`，所以此次测试没有通过。测试执行后得到一个失败的结果，如下图所示。

```
/Applications/XAMPP/xamppfiles/htdocs/tests/php7/phpunit » php phpunit.phar tests/BookTest.php
PHPUnit 5.2.11 by Sebastian Bergmann and contributors.

F                                                                   1 / 1 (100%)

Time: 65 ms, Memory: 10.50Mb

There was 1 failure:

1) BookTest::testBookClass
Failed asserting that two strings are equal.
--- Expected
+++ Actual
@@ @@
-'PHP 7'
+'PHP'

/Applications/XAMPP/xamppfiles/htdocs/tests/php7/phpunit/tests/BookTest.php:12

FAILURES!
Tests: 1, Assertions: 1, Failures: 1.
```

如上图所示，我们期望 PHP 7 但实际得到的是 PHP。-表示期望的值，+表示实际值。

我们讨论了如何在类库上进行测试，并举了一个简单的例子。但 PHPUnit 可不止这些简单的示例，若想详细了解，可以参考 Packt 出版社的一本非常好的书 *PHPUnit Essentials*。

设计模式

一个设计模式可以解决一类特定的问题。设计模式不是一个工具，它仅是描述如何解决一类特定问题的说明或模版。设计模式非常重要，有助于书写清晰简洁的代码。

PHP 社区使用最为广泛的设计模式之一就是**模型视图控制器（MVC 模式）**，大多数 PHP 框架都是基于 MVC 的。MVC 建议开发者将业务逻辑、数据操作（模型）从视图中分离，控制器则扮演了模型和视图的中间层并且互相通信，模型和视图不直接通信。若一个视图需要任何数据的时候，它会向控制器发送一个请求，控制器知道如何操作这个请求，并会在需要的时候向模型发起数据操作（获取、插入、验证、删除等）。最后，控制器向视图发送一个响应。

“胖模型和瘦控制器”就是最佳实践，也就是指控制层只接受特定的请求，不接受其他事项。即使在一些现代框架中，验证也被从控制器中转移到模型层，模型处理一切数据操作。在现代框架中，模型是一个层的概念，包含很多部分，例如业务逻辑、**增删改查（CRUD）**数据库操作、数据映射模型和服务等。一套完整的模型和控制器会各司其职，协同完成系统任务。

另一个使用较为广泛的设计模式是工厂模式，该模式单纯在使用时实例化需要的对象。另一个不错的设计模式是观察者模式，指一个对象在特定事件或任务被触发时调用不同的观察者，常用于事件处理。**单例模式**也是使用较为广泛的，常用于应用运行时返回同一个类的实例对象。单例模式下的对象不能被序列化和克隆。

面向服务的体系架构（SOA）

在面向服务的体系架构中，应用的各组件通过既定的协议互相提供服务。每个组件互相低耦合，互相通信的唯一方式是通过各自提供的服务。

在 PHP 领域中，Symfony 提供了最佳的 SOA 方式，因为 Symfony 是一种以 HTTP 为中心的框架。Symfony 作为最成熟且经过充分测试的类库集合，被如 Zend Framework、Yii、Laravel 等许多其他框架广泛使用。

思考这样一个场景：有一个包含后台、前台的网站和一个移动端应用。通常在大多数应用中，后台和前台基于同一套代码并且使用同一个单一入口，同时构建一套 API 接口或者 web 服务来实现移动应用与后台的通信。若要精益求精，则对于有着高性能和高扩展性的应用而言，可以使分离的组件彼此独立运行，互相间需要通信就通过 Web 服务来实现。

Web 服务位于前台与后台以及移动端与后台通信的中间。后台是主要数据和其他所有业务逻辑的集散中心，它可以使用如 PHP 等任意编程语言构建并独立出来。前台可以使用普通 HTML/CSS、AngularJS、Node.js、jQuery 及其它技术构建。类似地，移动端应用可以是原生的或者使用跨平台技术构建的。后台不用关心前台和移动端是如何搭建的。

保持面向对象和可重用

保持面向对象和可重用对于一个小型单页应用而言比较困难，一般不会有这种例子。基于以上原则，类应该易操控、代码清晰，同时类文件要将应用逻辑从视图中分离出来。早期，使用结构代码并且将多个函数创建在视图文件或者单独的文件中都是比较简单的，但是随着应用变得复杂，这种方式也变得更难。

始终书写低耦合的类，使它们在其它应用中可重用，同时保持类的每个方法都执行单一任务。

PHP 框架

我们都了解框架，但它在开发者的日常工作中并非必不可少。世上有许多框架，每个框架都有各自优于其他框架的特性。所有框架都不错，因此搞清楚某框架不适用于特定应用的地方才是最关键的。

假如我们想构建一个企业级的 CRM 应用，用什么框架最合适呢？这是一个令人困惑的问题。首先我们就应该清楚此 CRM 应用的完整需求、系统容量、特性、数据安全性和性能要求。

版本控制系统（VCS）和 Git

版本控制系统为代码维护及更改提供了可能性，同时也具有版本灵活性。使用 VCS，团队可以共同为一个应用贡献代码，也可以拉动其他团队成员的改变及他们自己对系统进行的更改而不造成很大的麻烦。灾难场景下，VCS 可以回退至更稳定的历史版本。

刚才讨论的是 VCS，并没有提到 Git。下面来聊聊 Git。

Git 是一个强大的工具，它监视着分支上的每个文件改动，只有提交的代码到远程分支的时候，改动的文件才会被上传。Git 保留着文件的历史改动，可以对比改变。

Git Essentials 是一本很不错的全面介绍 Git 的书，也是由 Packt 出版社出版的。此外，在 https://git-scm.com/book/ en/v2 上可以找到关于 Git 的官方免费书籍。

部署和持续集成（CI）

FTP 已经渐渐过时，现在使用 FTP 直接影响流程速度，且普通 FTP 链接也并不安全。团队使用 FTP 部署代码是非常困难的，因为这样会导致大量代码冲突而且上传后还会覆盖他人的改动，产生很大的问题。

使用如 GitHub、GitLab、Bitbucket 这样的 Git 版本控制系统可以实现自动部署。不同的开发者在自动部署中可以使用不同的初始设置，这完全取决于开发者的自由选择。自动部署的大致原则就是对团队保持易用、不使用 FTP。

下图是部署设置流程图。

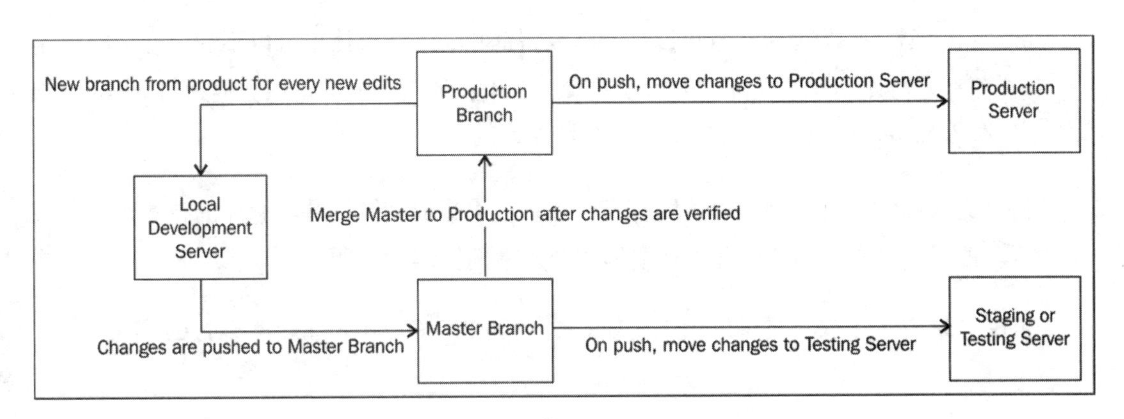

如上图所示，共有两服务器：开发或测试环境服务器以及生产环境服务器。在开发服务器上可以使用网站的精确副本来测试新特性和其它功能，生产服务器则负责在线网站的运行。

目前，代码仓库有两个主要分支：master 分支和 production 分支。master 分支用于开发和测试，production 分支用于最终的生产。切记 production 分支只接受合并，而不接受提交，这样生产环境才能完全安全。

现在，给应用添加一个用户注册特性，步骤如下。

1. 最重要的事是在 production 分支的基础上创建一个新的分支，命名为 `customer-registration`。
2. 添加新特性到 `customer-registration` 分支，当确认本地开发环境没问题后就合并到本地 master 分支中。
3. 该分支合并到本地 master 分支后就将 master 推到远程 master 分支，推送成功后开发环境便有新特性了。
4. 在开发服务器中测试所有新特性。
5. 检测没问题后就合并远程 master 分支到远程 production 分支，这一操作会将所有改变带给 production 分支并将所有新变化带给生产服务器。
6. 如上所述，一个理想设置可以使部署变得简单，团队整体也可以不受地理空间限制而相互协作。即使在部署的时候有状况发生，任何一人都可以方便地将 production 分支的版本回退。

持续集成（CI）是一项使团队所有成员都将代码集成到同一共享仓库的技术，每项检查由团队成员通过自动构建验证以捕获早期开发中的错误和问题。

PHP 领域有一系列工具可以用来实现 CI，例如 PHPCI、Jenkins、Travis CI 等。

本章小结

本章我们讨论了一些最佳实践，包括代码标准和风格、PHP 框架、设计模式、Git 和部署。此外，本章还介绍了如何使用 PHPUnit 框架测试类库。同时，我们也讨论了面向服务设计，这在为应用创建 API 接口方面发挥了重要作用。

在本书中，我们学习了如何设置开发环境，包括 Linux 服务器，尤其是 Debian 和 Ubuntu 系统，同时还讨论了 Vagrant。在 PHP 新特性方面，我们也列举了一些简单的代码示例。对于提高应用程序和数据库性能的工具也进行了介绍。此外，我们讨论了对应用进行调试和压力测试的方法及一些编写高质量代码的最佳实践。

我们高度概括了一些工具和技术的特性并使用简单的代码示例来向读者介绍这些工具和技术的核心。每项工具和技术的高级使用方式都可以在对应的书中找到，建议读者学习并深入研究这些技术的高级用法。最后，祝各位读者在 PHP 开发中一切顺利！

附录 A

提升工作效率的工具

从本书开篇的 PHP 7 新特性到最后的编程最佳实践，我们已经学习了很多知识，每个章节都提到了一些工具。由于篇幅有限，无法谈及很多细节。在附录中，我们将详细讨论以下三种技术。

- Composer
- Git
- Grunt watch

Composer：PHP 依赖管理工具

Composer 是一个可以由我们定义、安装和更新应用依赖的 PHP 依赖管理工具，该工具完全用 PHP 编写，属于一种 PHAR 格式的应用程序。

Composer 可以从 `https://packagist.org/`上下载依赖。任何依赖都可以使用 Composer 安装，只要在 Packagist 上可用即可。此外，任何完整的应用都可以通过 Composer 安装，只要在 Packagist 上可用。

安装 Composer

Composer 是一个可以在操作系统中全局安装的命令行工具，`composer.phar` 文件还可以放到应用根目录下并通过命令行执行。对于 windows 操作系统来说，可以通过一个可执行文件全局安装 Composer。本书中介绍如何在 Debian/Ubuntu 系统上全局安装 Composer，步骤如下。

1. 执行下面的命令来下载 Composer 安装器，下载下来的文件名为 `installer` 且只能被 PHP 执行一次。

```
Wget https://getcomposer.org/installer
```

2. 执行下面的命令在 Debian 或 Ubuntu 上全局安装。

```
Php install --install-dir=/usr/local/bin --filename=composer
```

执行该命令会下载 Composer 并会在 `/usr/local/bin` 目录下安装名为 `composer` 的文件。现在就可以全局运行了。

3. 在终端输入下面的命令来确认 Composer 的安装状况。

```
Composer --version
```

如果屏幕上显示 Composer 版本的话，说明全局安装成功。

若将 Composer 安装在一个本地应用中的话，便会产生一个 `composer.phar` 文件。命令是一样的，但是需要通过 PHP 执行。例如，执行 `php composer.phar --version` 命令就会显示 Composer 版本信息。

现在，Composer 已经安装成功并可以使用了，接下来看看如何使用。

使用 Composer

要在项目里使用 Composer，我们需要一个 `composer.json` 文件。该文件包含了项目所需的所有依赖及一些其它元信息。Composer 使用该文件安装和更新不同的类库。

假设应用需要用不同方式去记录不同信息的日志功能，那么我们可以使用 `monolog` 库来实现。首先在应用根目录下创建 `composer.json` 文件并添加如下代码。

```
{
  "require": {
    "monolog/monolog": "1.0.*"
  }
}
```

保存文件后执行下列命令来安装此依赖。

```
Composer install
```

如下图所示，该命令会下载依赖并在存放到 vendor 目录下。

```
Loading composer repositories with package information
Updating dependencies (including require-dev)
  - Installing monolog/monolog (1.0.2)
    Downloading: 100%

Writing lock file
Generating autoload files
➜ packt ls
composer.json  composer.lock  vendor
➜ packt |
```

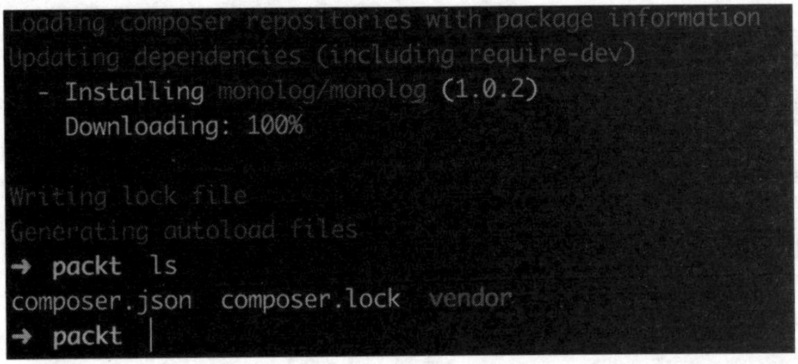

从上图中可以看出，monnolog 1.0.2 版本下载完成，vendor 文件夹也被创建完成。monolog 库就在这个目录下，同时也能看到 composer.lock 的新文件生成。此外，如果一个包自动加载信息，Composer 会将 monnolog 库存放到 vendor 目录下的 Composer 自动加载器中。这样，应用运行的时候任何新类库或者依赖都可以被自动载入。

同时，composer.lock 新文件也会被创建。当 Composer 下载安装依赖的时候，精确的版本信息及其它信息就会被写入到该文件中用来锁定应用的依赖版本，这一机制确保了团队任何成员或者其他想初始化该应用的人使用的是同样版本的依赖，同时也减少了由于版本不同导致的风险。

目前，Composer 被广泛用作包管理。像 Magento、Zend Framework、Laravel、Yii 等大型开源项目都可以使用 Composer 来安装。在附录 B 中，我们会介绍如何使用 Composer 安装上述项目之一。

Git：一个版本控制系统

Git 是世界上使用最广泛的版本控制系统。根据 Git 官网的介绍，Git 是一套能高效处理各种项目的分布式版本控制系统。

安装 Git

Git 支持所有主流操作系统。在 Windows 上，可以使用可执行安装文件来安装 Git 并在命令行使用 Git。OS X 操作系统中更是预装了 Git，若是找不到可以在其官网下载。在 Debian/Ubuntu 系统上只需在终端执行如下命令就可以安装 Git。

```
sudo apt-get install git
```

安装之后使用下面的命令检查安装情况。

```
git -version
```

接着，我们就可以看到所安装的 Git 的版本了。

使用 Git

为了更好地理解 Git，我们新建一个测试项目，名为 `packt-git`。在此项目中，我们同时创建一个名为 `packt-git` 的 Github 仓库来 push 项目文件。

首先使用如下命令在项目中对 Git 进行初始化。

```
git init
```

执行以上命令会在项目根目录下初始化一个空的 Git 仓库，并且 Head 指针（始终指向当前工作区域的指针）会位于 master 分支上，这是每个 Git 仓库所默认的。另外，它会创建包含此仓库所有信息的隐藏目录 `.git`。接下来，添加在 Github 上创建的远程仓库。在 Github 上创建的测试仓库地址是 `https://github.com/altafhussain10/packt-git.git`。

现在，键入如下命令把 Github 的仓库添加到空仓库中。

```
git remote add origion https://github.com/altafhussain10/packt-git.git
```

接下来，在项目根目录中创建一个 README.md 文件并在其中添加一些内容。这个文件在 Git 中是用来展示仓库信息及其它细节的。这个文件也用来展示如何使用这个仓库的介绍信息及创建缘由。

使用如下命令查看 Git 仓库的状态信息。

```
git status
```

如下图所示，执行该命令可以显示仓库状态。

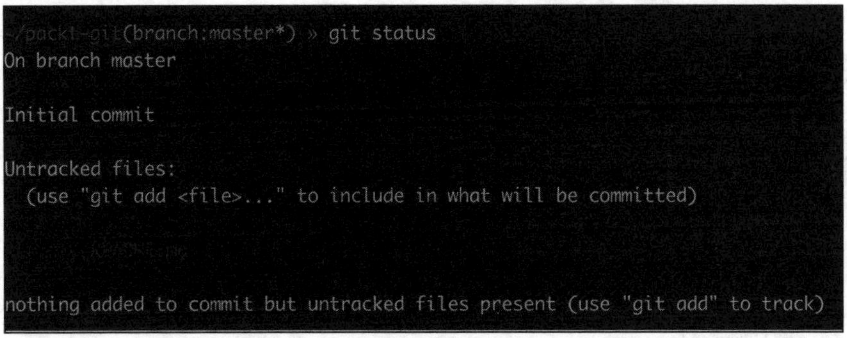

```
~/packt-git(branch:master*) » git status
On branch master

Initial commit

Untracked files:
  (use "git add <file>..." to include in what will be committed)

        README.md

nothing added to commit but untracked files present (use "git add" to track)
```

从上图中可以看出，在仓库中有一个没提交的文件未被追踪（追踪就是指 Git 会记录该文件的改动）。首先，我们在终端中使用如下命令把这个文件添加至被追踪的范围内。

```
git add README.md
```

git add 命令通过使用工作树中的现有内容来更新索引。该命令将把对路径进行的所有更改都添加进去，为了添加一些特定的变化可以使用一些参数。上一命令只把 README.md 添加到了仓库追踪中，若想追踪所有文件，应该使用如下命令。

```
git add
```

执行该命令可以追踪当前工作目录下或当前分支根目录下的所有文件。现在要想追踪特定的文件（如所有 .php 后缀的文件）可以使用如下命令。

```
git add '*.php
```

执行该命令可以追踪所有 .php 后缀的文件。

接下来，使用如下命令提交更改或附加信息到仓库。

```
git commit -m "Initial Commit"
```

执行 git commit 命令会提交所有的更改到本地仓库。-m 选项标记了本次要提交的日志信息。记住，此更改只是提交到本地仓库。

现在使用如下命令把更改推到远程仓库里。

```
git push -u origion master
```

以上命令将所有更改从本地仓库推至远程仓库或远程源。-u 选项用来设置上游，同时建立了本地仓库与远程中心仓库的关联。首次进行上推更改的时候需要使用-u 选项，之后只需使用下面的命令即可。

```
git push
```

这个命令会把所有更改推到主仓库当前所在的分支中。

创建新分支和合并

开发中经常需要创建新分支。任何必需的更改都要创建对应的新分支，然后在此分支上进行更改并最终提交、合并、推至远程源上。

为了更好理解这些，我们设想需要修复登录页面上一个问题，这个问题是关于验证差错的。我们将新分支命名为 login_validation_ errors_fix，起个容易理解的分支名是最佳实践。此外我们希望此新分支基于 master 分支，也就意味着新分支从 master 分支继承所有数据。所以，若该分支不处于 master 分支，还需使用下面命令进行切换。

```
git checkout master
```

这一命令会把任意分支切换到 master 分支上。在终端中使用如下命令创建分支。

```
git branch login_validation_errors_fix
```

现在，新分支就基于 master 分支创建，并且所有改变都是针对此新分支的。所有更改和修复都完成后，我们必须提交更改到本地和远程仓库。切记，我们并没有在远程仓库中创建新分支。使用下面命令提交更改。

```
git commit -a -m "Login validation errors fix"
```

我们没有使用 git add 来添加更改和新附加信息。为了自动提交更改，在 commit 的时候使用-a 选项来自动添加所有文件。现在，更改已经提交到本地仓库，我们还需要将更改推至远程源，可使用如下命令。

```
git push -u origion login_validation_errors_fix
```

这一命令会在远程仓库创建新分支，将同一个本地分支的跟踪设置到远程分支上，并将所有的更改都推给它。

现在我们想合并更改到 master 分支。首先使用如下命令切换到 master 分支。

```
git checkout master
```

接下来，使用如下命令合并 login_validation_errors_fix 新分支到 master 分支上。

```
git checkout master
git merge login_validation_errors_fix
git push
```

切换到我们需要合并新分支的那个分支是非常重要的，我们使用 git merge branch_to_merge 命令来合并当前分支到这个分支，最后我们可以只将其推至远程源。现在，如果检查远程仓库，我们会发现新分支，以及在 master 分支的更改。

克隆一个仓库

有时候希望在一个托管在仓库的项目上开展工作，为此我们首先要克隆这个仓库，就是下载整个仓库到本地系统并创建与远程仓库对应的本地仓库。其他的工作与之前讨论类似。克隆前我们需要知道仓库的远程 web 地址，假设我们想克隆 PHPUnit 仓库，则当我们在 Github 上找到 PHPUnit 时，会在右上角看到如下图所示的 web 地址。

URL 在 **HTTPS** 按钮之后，复制上图中的地址并使用如下命令来克隆这个仓库。

```
git clone https://github.com/sebastianbergmann/phpunit.git
```

执行该命令会开始下载这个仓库。下载完成后我们会得到 `PHPUnit` 文件夹，里面有该仓库及所有所属文件。之前提到的所有操作都可以被执行。

Webhooks

Git 最强大的特性使是 webhooks。webhooks 是指当一个特定行为发生在某仓库时被触发的事件。如果一个事件是为 `Push` 请求创建的，那么该事件就会在每次 push 操作时被触发。

要在一个仓库上添加一个 webhook 需要点击仓库右上角的 **Settings** 链接。在新页面的左侧有一个 **Webhooks and Services** 链接，点击它可以看到如下页面。

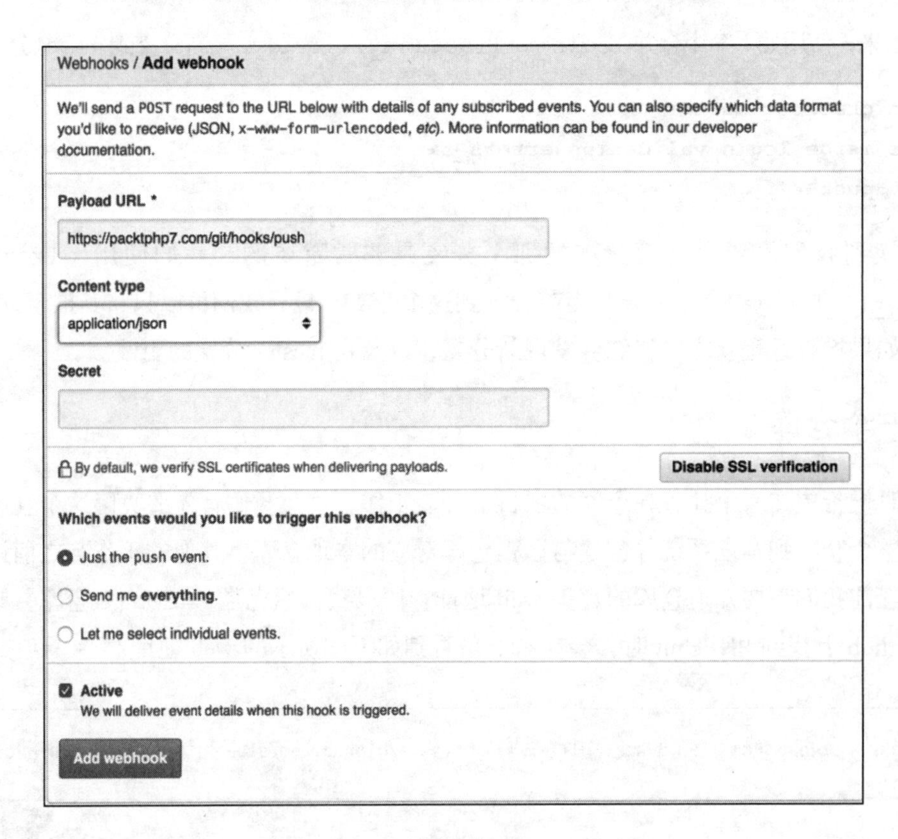

如上图所示，我们必须输入一个有效 URL，这个地址会在选定的事件触发时被调用。在 **Content type** 中，我们会选择将有效载荷发送到 URL 的数据格式。在事件版块中我们可以选择只是推送事件还是所有事件，我们可以选择多个事件并让 hook 被触发。保存设定后，选定的事件每次发生时 hook 就会被触发。

webhooks 总是被用作部署。当改动被推送且有关于推送事件的 webhook 设定时，特定的 URL 就会被调用。这个 URL 会执行一些命令下载改动并在本地服务器对这些改动进行加工然后存放到适当的位置。此外，webhooks 还会被用作持续集成和云部署。

管理仓库的桌面工具

有些工具可以用来管理 Git 仓库。Github 提供了命名 GitHub Desktop 的桌面管理工具来管理 Github 仓库，该工具可用于创建新仓库、查看历史、推送、拉取和克隆仓库，几乎提供了我们在命令行可使用的所有功能。下图为测试仓库 `packt-git` 的界面。

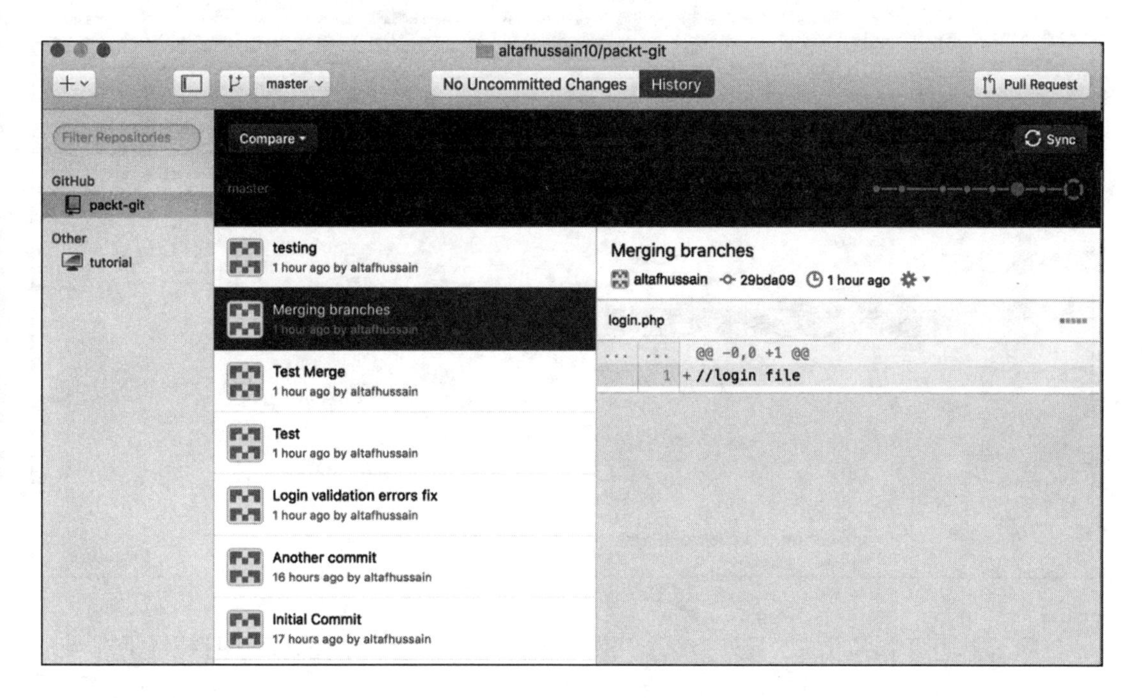

> GitHub Desktop 可以从 https://desktop. github.com/下载，只有 Mac 和 Windows 版本。此外，GitHub Desktop 只支持 GitHub，除非经过特殊处理使其支持其他仓库，例如 GitLab 或 Bitbucket。

另一个强大的工具是SourceTree。SourceTree可以轻松支持GitHub、GitLab和Bitbucket，并提供了完整的功能来管理仓库，实现拉取、推送、提交、合并及其他操作。SourceTree 为分支和提交管理提供了一个非常强大且美观的图形工具，下图就是使用 SourceTree 连接到测试仓库 packt-git 时的界面。

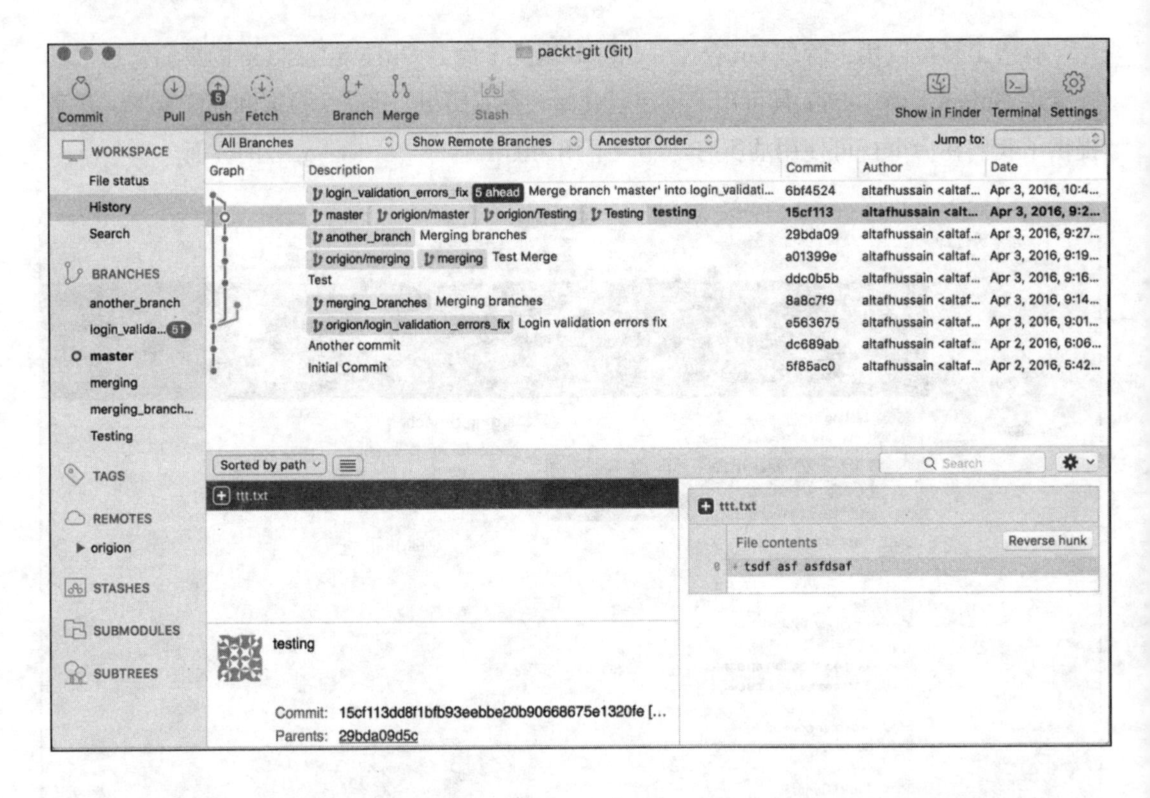

除了上述两个不错的工具外，每个开发 IDE 都完全支持版本控制系统且提供了例如为修改和新添加文件标注不同颜色的功能。

Git 是个强大的工具，在附录中无法完全介绍。有一些书，尤其是 Git Book 可以开启 Git 学习之旅。从 https://git-scm.com/book/en/v2 可以下载不同格式的文件，也可以在线阅读。

Grunt watch

我们在第 3 章中学习了 Grunt。当时，我们只用它进行了合并和压缩 CSS 文件和 JavaScript 文件，然而 Grunt 的功能远不止这样。Grunt 是个 Javascript 任务运行器，可以通过监视特定文件的改动或者手动来运行任务。之前我们学习了手动运行，现在来学习使用 Grunt watch 在文件改动时运行特定任务。

Grunt watch 非常有用且能节省大量时间，因为它可以在每次改动任何信息的时候自动运行之前需要手动操作才能运行的任务。

回顾第 3 章中的例子，当时我们使用 Grunt 来合并和压缩 CSS 文件和 JavaScript 文件，为此我们创建了 4 个任务：第一个任务用于合并所有 CSS 文件；第二个任务合并所有 Javascript 文件；第三任务压缩 CSS 文件；最后一个任务压缩所有 Javascript 文件。若是每次改动后我们都手动运行这些任务，那将非常浪费时间。Grunt 提供了一个 watch 功能，该命令监视不同目标文件的改动，并且可以在变化发生时执行预先设定的任务。

首先检查 `grunt watch` 模块是否已经安装，在 `node_modules` 目录下查看有无 `grunt-contrib-watch` 文件夹，有的话证明之前已经安装，反之则要在 `GruntFile.js` 文件所在的根目录下使用命令行执行下列命令。

```
npm install grunt-contrib-watch
```

执行该命令会安装 Grunt watch，且 `grunt-contrib-watch` 目录会随 `watch` 模块存在。

然后，我们将修改这个 `GruntFile.js` 文件来将要监视改动的文件添加到 `watch` 模块中，这样，任务就会随着文件的改动自动运行，比一次次手动运行任务节省了大量时间。下面的代码中，加粗的就是要修改的部分。

```
module.exports = function(grunt) {
  /*Load the package.json file*/
  pkg: grunt.file.readJSON('package.json'),
  /*Define Tasks*/
  grunt.initConfig({
    concat: {
      css: {
      src: [
        'css/*' //Load all files in CSS folder
],
      dest: 'dest/combined.css' //Destination of the final combined file.

      },//End of CSS
js: {
      src: [
        'js/*' //Load all files in js folder
],
       dest: 'dest/combined.js' //Destination of the final combined file.

       }, //End of js

}, //End of concat
cssmin:  {
  css: {
    src : 'dest/combined.css',
    dest : 'dest/combined.min.css'
}
}, //End of cssmin
uglify: {
  js: {
        files: {
        'dest/combined.min.js' : ['dest/combined.js']//destination
Path : [src path]
 }
```

```
}
}, //End of uglify

//The watch starts here
watch: {
  mywatch: {
    files: ['css/*', 'js/*', 'dist/*'],
    tasks: ['concat', 'cssmin', 'uglify']
  },
},
}); //End of initConfig

grunt.loadNpmTasks('grunt-contrib-watch'); //Include watch module
grunt.loadNpmTasks('grunt-contrib-concat');
grunt.loadNpmTasks('grunt-contrib-uglify');
grunt.loadNpmTasks('grunt-contrib-cssmin');
grunt.registerTask('default', ['concat:css', 'concat:js',
'cssmin:css', 'uglify:js']);
}; //End of module.exports
```

在上面加粗的代码片段中，我们添加了 watch 代码块。mywatch 也可以换成其他名字。files 块是必须存在的，它需要一个源路径数组。Grunt watch 监视这些目标文件的改动并执行 tasks 块定义的任务，tasks 块提到的任务早已在 GruntFile.js 文件中创建完成了。此外，我们必须使用 grunt.loadNpmTasks 来加载 watch 模块。

现在，在 GruntFile.js 文件所在的根目录中打开终端并执行如下命令。

```
grunt watch
```

执行该命令后，Grunt 就会开始监视源文件的改动。修改在 GruntFile.js 的 files 块所定义的路径下的任意文件并保存修改，任务就会运行并且在终端上显示执行结果。一个简单的输出如下图所示。

```
Completed in 0.484s at Sun Apr 03 2016 20:52:35 GMT+0300 (AST) - Waiting...
>> File "dist/combined.js" changed.
>> File "dist/combined.min.css" changed.
>> File "dist/combined.css" changed.
>> File "dist/combined.min.js" changed.
Running "concat:css" (concat) task
File "dist/combined.css" created.

Running "concat:js" (concat) task
File "dist/combined.js" created.

Running "cssmin:css" (cssmin) task
File dist/combined.min.css created.

Running "uglify:js" (uglify) task
File "dist/combined.min.js" created.

Done, without errors.
Completed in 0.519s at Sun Apr 03 2016 20:52:35 GMT+0300 (AST) - Waiting...
```

可以在 `watch` 块中观察所有任务，前提是这些任务要在 `GruntFile.js` 中有预设。

小结

在本附录中，我们讨论了 Composer 的特性以及如何使用它来安装、更新包。此外我们详细讨论了 Git，包括推送、拉取、提交代码、创建分支及合并分支。我们还讨论了 Git hooks、Grunt Watch 以及如何在 `GruntFile.js` 定义路径下的文件有改动时执行四个任务。

附录 B
MVC 和框架

在不同的章节中我们都提到了一些框架，但是没有详细讨论。对于最佳实践而言，如果没有现成的可以满足需求的工具，我们可以利用一个完美匹配需求的框架来构建它。

本部分包含以下内容：

- MVC 设计模式
- Larval
- Lumen
- Apigility

MVC 设计模式

模型视图控制器（MVC）是一个在不同编程语言环境下都广泛使用的设计模式，大多数 PHP 框架都使用这个设计模式。该模式将应用分为三层：模型（Model）、视图（View）和控制器（Controller），各层都有独立的任务但又互有联系。MVC 可以用不同视图来表示，下图为一个简单全面的 MVC 示意图。

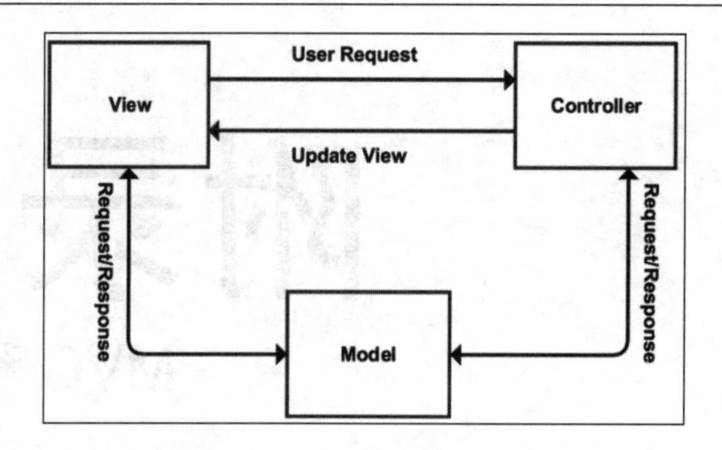

下面，我们来讨论 MVC 设计模式的三部分。

Model

model 层作为应用的基础，用来处理数据逻辑。通常我们认为 model 层负责处理数据库的 CRUD 操作，然而这并不是全部。就像我们之前提到的，model 层负责处理应用的数据逻辑，这也就意味着数据的合法性检验也在这里进行。简单来说，model 层提供了一个对数据的抽象化处理，应用的其他部分并不关心数据的来源和在它之上进行的操作。

在如今复杂的框架结构中，MVC 的整体结构也在改变。Model 层不再只进行数据操作，应用的任何其它逻辑都可以放在 model 层中处理。按照“胖 model 瘦 controller”的原则，要把所有的应用逻辑都放在 model 中，从而保持 controller 尽可能精简。

Views

views 是终端用户可见的，所有公共的或与用户相关的数据都在其中显示，所以可以认为 views 是 model 的可视化替代。views 通过与控制器进行交互来获得并显示数据，但 views 并不关心数据的来源。数据均由控制器从 model 中获得，这就意味着 views 不会与 models 直接交互。然而，在上图中，我们把 model 和 view 直接连接了起来，这是因为在现代系统中，views 是可以直接从 model 中获得数据的。比如，magento 的控制器不能把数据返回给 views。views 通过辅助类与 model 交互或者从数据库中直接取得数据，因此，在现代实践中，views 是可以和 model 直接交互的。

Controllers

controllers 接受用户在 views 中的操作并将处理结果返回。例如，当一个用户填写并提交了一个表单时，controllers 作为中间层要开始对表单的提交行为进行处理，首先检查是否允许用户发送该请求，然后采取适当的操作，比如与 model 交互或其它的操作。简单来说，controllers 是 views 和 model 的中间层，正如我们在 model 一节中提到的一样，controllers 应当精简，所以大多数情况下，它只用来接收请求然后调用相应的 model 或 views，而所有的操作都在 model 中进行。

MVC 设计模式的目标是分离应用不同部分的职责。比如，model 用来管理用户数据，controllers 用来处理用户输入，views 用来实现数据的可视化显示。所以，是在 views 中还是 controllers 中与 model 交互并不重要，重要的是 views 和 controllers 不能用来操作数据，因为那是 model 层的职责，同样地，controllers 也不能用来显示数据，因为那是 views 的职责。

Laravel

Laravel 是最流行的 PHP 框架之一，按照其官网所说，这是一个专门为 Web 工匠设计的框架。Laravel 优雅且强大，拥有大量帮助开发者写出高效高质代码的特性。下面，我们来讨论一下 Laravel。

安装

安装 Laravel 非常简单，我们使用 Composer 来完成。在附录 A 中，我们讨论了 Composer，可以在终端执行下列命令来安装创建 Laravel 项目。

```
composer create-project --prefer-dist laravel/laravel packt
```

如果 Composer 不是全局安装的话，要把 `composer.phar` 文件放到 Laravel 将被安装的目录下，并在这个根目录下运行下列命令。

```
php composer.phar create-project --prefer-dist laravel/laravel packt
```

Laravel 会被下载下来，同时一个名为 `packt` 的项目会被创建。此外，Composer 还会下载安装这个项目所需的所有依赖。

打开浏览器并前往该项目的 URL，我们将会看到一个简单显示着 **Laravel 5** 的欢迎页面。

本书写作期间，Laravel 最新可用版本是 5.2.29。无论如何，如果使用了 Composer，之后 `composer update` 命令每次被使用时，Laravel 和其他组件都会自动升级。

特性

Laravel 具有大量特性，下面，我们讨论其中的一小部分。

Routing

Laravel 提供了强大的路由功能。路由可以被分组、使用前缀、使用命名空间，另外还可以对路由组合定义中间件。Laravel 支持所有 HTTP 方法，包括 `POST`、`GET`、`DELETE`、`PUT`、`OPTIONS` 和 `PATCH`。所有路由都在应用目录 `app` 文件夹下面的 `routes.php` 文件中定义，我们来看一个简单的例子。

```
Route::group(['prefix' => 'customer', 'namespace' => 'Customer',
  'middleware' => 'web'], function() {
    Route::get('/', 'CustomerController@index');
    Route::post('save', 'CustomerController@save');
    Route::delete('delete/{id}', 'CustomerController@delete');
});
```

在上面的代码段中，我们创建了一个新的路由组，它只在 URL 带有 customer 前缀时被使用。例如，一个 URL 为 `domain.com/customer` 时，路由组就会被使用。我们也可以使用 Customer 命名空间，命名空间允许使用 PHP 标准命名空间并且在子文件夹中分离我们的文件。在上面的例子中，所有 customer 控制器可以放在 `Controllers` 目录下的 Customer 子目录中，这个控制器可以用如下方法创建。

```
namespace App\Http\Controllers\Customer
```

```
use App\Http\{
Controllers\Controller,
Requests,
};
use Illuminate\Http\Request;

Class CustomerController extends Controller
{
  ...
  ...
}
```

命名空间化一个路由组可以将控制器文件放到子文件夹下，这样容易管理。此外我们还可以使用 web 中间件，中间件提供了一种在进入应用前过滤请求的方法，这样我们便可以检查用户是否登录、CSRF 防范、是否有其他动作能被执行并需要在请求发向应用前被执行。Laravel 自带了一些中间件，包括 `web`、`api`、`auth` 等。

如果一个路由被定义为 `GET`，那么将没有 `POST` 请求能被发送到这个路由上。这样我们就可以不去关心请求方法过滤。然而，HTML 表单不支持如 `DELETE`、`PATCH` 和 `PUT` 等 HTTP 方法，对此，Laravel 提供了方法欺骗，就是使用 `name_method` 的表单隐藏字段和 HTTP 方法的值来使这种请求可行。举例来说，在路由组中若要使请求可以删除路由，需要用以下的方法来实现。

```
<form action="/customer/delete" method="post">
  {{ method_field('DELETE') }}
  {{ csrf_field() }}
</form>
```

当上述表单被提交的时候，它就会生效且删除路由。此外，我们还创建了 CSRF 隐藏域来进行 CSRF 攻击防范。

Laravel 路由是个非常有趣且内容丰富的话题。访问 `https://laravel.com/docs/5.2/routing` 可以深入学习。

Eloquent ORM

Eloquent ORM 提供了自动记录模式来与数据库进行交互。要使用 Eloquent ORM，我们必须让模型继承 Eloquent 模型。下面来看一个简单用户模型。

```
namespace App;

use Illuminate\Database\Eloquent\Model;

class user extends Model
{
  //protected $table = 'customer';
  //protected $primaryKey = 'id_customer';
  ...
  ...
}
```

我们创建了一个能够处理增加、删除、修改、查询操作的模型。要注意的是，我们注释了`$table property`属性，同样也注释了`$primaryKey`属性，这是因为 Laravel 使用类名的复数形式查找表，除非表名是使用受保护属性`$table property`定义的，在上面的例子中，Laravel 会寻找名为 users 的表并使用它，当然我们要是想用`customers`作为表名，只需取消下面这行注释即可。

```
protected $table = 'customers';
```

类似地，Laravel 默认一个表会具有列名为`id`的主键。然而，如果需要另一个列的话，我们可以重设默认的主键，命令如下。

```
protected $primaryKey = 'id_customer';
```

Eloquent 模型处理时间戳也很简单。默认情况下，如果该表有`created_at`和`updated_at`字段，那么这两个时间可以自动生成并被保存。如果不需要时间戳，则可以禁用，命令如下。

```
protected $timestamps = false;
```

保存数据到表中是很简单的。表列被用作模型的属性，因此如果 customer 表有 name、email、phone 等字段，我们可以在介绍路由的部分提到的 customer 控制器中设置这些属性，命令如下。

```
namespace App\Http\Controllers\Customer

use App\Http\{
Controllers\Controller,
Requests,
};
use Illuminate\Http\Request;
use App\Customer

Class CustomerController extends Controller
{
  public function save(Request $request)
  {
    $customer = new Customer();
    $customer->name = $request->name;
    $customer->email = $request->email;
    $customer->phone = $request->phone;

    $customer->save();

  }
}
```

在上面的例子中，我们向控制器中添加了 save 操作。现在如果一个 POST 或者 GET 请求携带着表单数据，Laravel 会将所有表单提交的数据赋给一个请求对象，属性和表单字段一致。随后，使用这个请求对象我们就能通过 POST 或者 GET 携带的数据访问所有表单。把所有数据赋给模型属性（与表列名一致）后，我们就可以调用保存方法了。模型没有保存方法，但是父类 Eloquent 模型有。当然，如果需要一些其他功能的话我们可以在 model 类中重写这个保存方法。

从 Eloquent 模型中获取数据也很简单。来试一试下面这个简单例子，添加一个新动作到 customer 控制器中，代码如下。

```
public function index()
{
  $customers = Customer::all();
}
```

我们使用 Eloquent 模型中定义的基本静态方法 all() 来从 customers 表中获取所有数据。如果想通过主键获取一个单独的消费者信息，则可以使用 find($id)方法，命令如下。

```
$customer = Customer::find(3);
```

执行上述命令将获取 ID 是 3 的消费者信息。

更新也很简单，同样使用 save()方法，代码如下。

```
$customer = Customer::find(3);
$customer->name = 'Altaf Hussain';

$customer->save();
```

执行上述命令会更新 ID 是 3 的消费者信息。首先我们加载 customer 类，赋新值给它的属性，然后调用 save()方法。删除模型操作简单，具体如下。

```
$customer = Customer::find(3);
$customer->delete();
```

我们首先加载 ID 是 3 的消费者然后调用 delete 方法将其信息删除。

Laravel 的 Eloquent 模型非常强大且提供了大量功能。https://laravel.com/docs/5.2/eloquent 上的文档对此进行了很好的解读。同时，https://laravel.com/docs/5.2/database 上关于数据库的部分也很值得一读。

Artisan 命令行

Artisan 是 Laravel 提供的命令行接口，它提供了一些不错的命令可以用于快速操作。所有可用命令都可以通过如下命令查看。

```
php artisan list
```

执行该命令可以查看所有可用的选项和命令。

php artisan 应该在 artisan 文件所在的目录下被运行，它被存在项目根目录下。

一些基本命令如下。

- make:controller：执行该命令会在 Controllers 文件夹下创建一个新的控制器，具体命令如下。

  ```
  php artisan make:controller MyController
  ```

  如果需要命名空间控制器，就像前面 Customer 命名空间那样，通过下列命令。

  ```
  php artisan make:controller Customer/CustomerController
  ```

  该命令会在 Customer 目录下创建 CustomerController。若 Customer 目录不存在，则会在执行上述命令后立刻被创建。

- make:model：该命令会在 app 目录下创建一个新模型，语法与 make:controller 命令类似，具体如下。

  ```
  php artisan make:model Customer
  ```

  命名空间化模型，使用如下。

  ```
  php artisan make:model Customer/Customer
  ```

  执行该命令会在 Customer 目录下创建 Customer 模型并且使用 Customer 命名空间。

- make:event：该命令在 Events 文件夹下创建一个新 event 类，使用如下。

  ```
  php artisan make:event MyEvent
  ```

- make:listener：该命令用于创建一个事件监听器，使用如下。

  php artisan make:listener MyListener --event MyEvent

  以上命令会创建一个监听 MyEvent 事件的监听器。我们必须使用--event 选项来指明监听器要监听的事件。

- make:migration：在 database/ migrations 目录下创建一个新迁移。
- php artisan migrate：运行所有未被执行的迁移。
- php artisan optimize：优化框架性能。
- php artisan down：将应用切换到维护模式。
- php artisan up：从维护模式激活应用。
- artisan cache:clear：清除应用缓存。
- artisan db:seed：为数据库添加记录。
- artisan view:clear：清除所有编译好的视图文件。

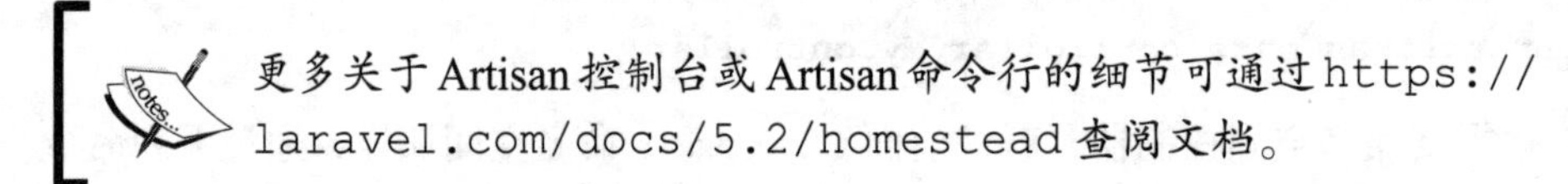

更多关于 Artisan 控制台或 Artisan 命令行的细节可通过 https://laravel.com/docs/5.2/homestead 查阅文档。

迁移

迁移是 Laravel 的另一个强大功能。在迁移中，我们定义了数据库模式——是否创建表、删除表、在表中添加或更新列。迁移在部署以及用作数据库版本控制方面非常方便。我们可以在终端执行下列命令为数据库中不存在的消费者表创建一个迁移。

php artisan make:migration create_custmer_table

在 database/migrations 目录下会新创建一个以 create_customer_table 为前缀且有唯一 ID 的文件。这个类名为 CreateCustomerTable，具体如下。

```
use Illuminate\Database\Schema\Blueprint;
use Illuminate\Database\Migrations\Migration;
```

```
class CreateCustomerTable extends Migrations
{
  //Run the migrations

  public function up()
  {
    //schemas defined here
  }

  public function down()
  {
    //Reverse migrations
  }
}
```

该类包含两个公共方法：up()和 down()。up()方法中包括该表的所有新模式定义。down()方法则负责逆转执行这个迁移。现在，在 up()方法中添加 customers 表模式，代码如下。

```
public function up()
{
  Schema::create('customers', function (Blueprint $table)
  {
    $table->increments('id', 11);
    $table->string('name', 250)
    $table->string('email', 50);
    $table->string('phone', 20);
    $table->timestamps();
  });
}
public function down()
{
  Schema::drop('customers');
}
```

在 up()方法中，我们定义了模式和表名。表的列被单独定义，也包括列的长度。increments()方法定义了自动增长列，即我们所举例子中的 id 列。随后，我们定义了三个字符串列：name、email 和 phone。然后使用 timestamps()方法创建了 created_at 和 updated_at 时间列。在 down()方法中，我们只使用了 Schema 类提供的 drop()方法删除了 customers 表，现在使用下列命令运行迁移。

```
php artisan migrate
```

以上命令不仅能执行我们编写的迁移，还能运行所有未被执行的迁移。但一个迁移被运行时，Laravel 会在一个名为 migrations 的表中储存迁移名，该表会告诉 Laravel 哪个迁移应该被执行哪个迁移应该被略过。

现在如果我们想要回滚最后一次执行的迁移，可以使用如下命令。

```
php artisan migrate:rollback
```

这样只会回滚最后一批迁移。我们可以使用 reset 命令回滚所有迁移。

```
php artisan migrate:reset
```

上述命令会回滚整个应用的迁移。

Migrations 可以让部署变得简单，因为我们不需要在每次修改表或库的时候上传数据库模式定义，只需创建迁移文件并全部上传，然后执行迁移命令就可以更新所有模式。

Blade 模版

Laravel 中自带名为 Blade 的模版语言，Blade 模版支持原生 PHP 代码，其模版文件被编译成 PHP 文件并被缓存起来直到文件被修改。此外，Blade 还支持布局，下面的例子就是母版页布局，该代码被存在 resources/views/layout 文件夹下，名为 master.blade.php。

```
<!DOCTYPE html>
<html>
  <head>
    <title>@yield('title')</title>
```

```
  </head>
  <body>
    @section('sidebar')
      Our main sidebar
      @show

      <div class="contents">
        @yield('content')
      </div>
  </body>
</html>
```

在上面的例子中，有一个名为 content 的部分用于定义边栏导航。此外，我们用 @yield 指令来显示某一部分的内容。如果我们想用这个布局的话，需要在子模版文件中继承它。具体操作是，在 resources/views/目录下创建 customers. blade.php 文件并写入下列代码。

```
@extend('layouts.master')
  @section('title', 'All Customers')
  @section('sidebar')
  This will be our side bar contents
  @endsection
  @section('contents')
    These will be our main contents of the page
  @endsection
```

如上面代码所示，我们继承了 master 布局并在该布局的每个片段内都放置了内容。此外，在另一个模版中包含不同的模版也是可行的。举例来说，假设有 sidebar. blade.php 和 menu.blade.php 两个文件，都在 resources/views/includes 目录下，然后我们可以在任意模版中存放下列文件。

```
@include(includes.menu)
@include(includes.sidebar)
```

使用@include 指令来包含一个模版。小圆点表示文件夹的分割。我们可以从控制器或路由器中轻松将数据发送到 Blade 模版或视图中，仅需传一个数据数组给视图即可，命令如下。

```
return view('customers', ['count => 5]);
```

现在，count 变量可以在 customers 视图文件中以如下方式被访问到。

```
Total Number of Customers: {{ count }}
```

Blade 要用两个大括号来输出一个变量。对于控制和循环结构，我们举另一个例子说明。将数据发送到 customers 视图，命令如下。

```
return view('customers', ['customers' => $allCustomers]);
```

如果想要显示所有消费者数据，customers 视图文件应该如下。

```
...
...
@if (count($customers) > 0)
{{ count($customers) }} found. <br />
@foreach ($customers as $customer)
{{ $customer->name }} {{ $customer->email }}
  {{ $customer->phone }} <br>
@endforeach

@else
Now customers found.
@endif;
...
...
```

以上所有代码的语法基本和原生 PHP 代码类似，若要显示一个变量值必须使用双大括号{{}}。

关于 Blade 模版的一个简单介绍可参考 https://laravel.com/docs/5.2/blade。

其他特性

在前面的章节中，我们只讨论了 Laravel 的一些基本特性。Laravel 还有很多特性，例如为用户鉴权和授权提供简易的身份鉴定和授权特性。此外，Laravel 提供了一套支持基于文件、Memcached 和 Redis 的强大缓存系统。当我们要执行一个特定的动作或发生特定事件时，Laravel 还为这些事件提供了事件和监听器。Laravel 支持本地化，能让我们使用本地化的内容和多国语言。Laravel 还支持任务调度和队列，我们可以在任意特定时刻调度一些任务且在轮到任务被执行时再执行这些任务。

Lumen

Lumen 是 Laravel 提供的一套微框架，主要用于创建无状态的 API 接口。Lumen 具有 Laravel 的一小部分特性，此外，Lumen 兼容 Laravel，也就意味着把 Lumen 应用复制到 Laravel 环境也可以运行。Lumen 安装简单，只需使用下列 Composer 命令就可以创建项目并下载所有依赖。

```
composer create-project --prefer-dist laravel/lumen api
```

执行以上命令会下载 Lumen 并创建 API 应用。然后，重命名`.env.example` 文件为`.env`，再创建一个 32 字符长的 app key 并放到`.env` 文件中。现在，此基础应用就可以被使用并创建 API 接口了。

Lumen 几乎和 Laravel 一样，但是缺少了 Laravel 的部分功能。更多细节参考 `https://lumen.laravel.com/docs/5.2`。

Apigility

Apigility 是 Zend 公司在 Zend Framework 2 中开发和构建的。Apigility 为创建和管理 API 接口提供了简单的 GUI 操作界面，使用简单且有能力创建混合 API 接口。下面，从使用 Composer 安装 Apigility 开始，在终端键入下列命令。

```
composer create-project -sdev zfcampus/zf-apigility-skeleton packt
```

执行以上命令会下载 Apigility 及其依赖，例如 Zend Framework 2，而且还会创建名为 packt 的项目。现在，通过以下命令来开启开发模式，我们就可以访问 GUI 了。

```
php public/index.php development enable
```

打开 yourdomain.com/packt/public 的 URL 地址，我们能看到一个漂亮的 GUI 界面，如下图所示。

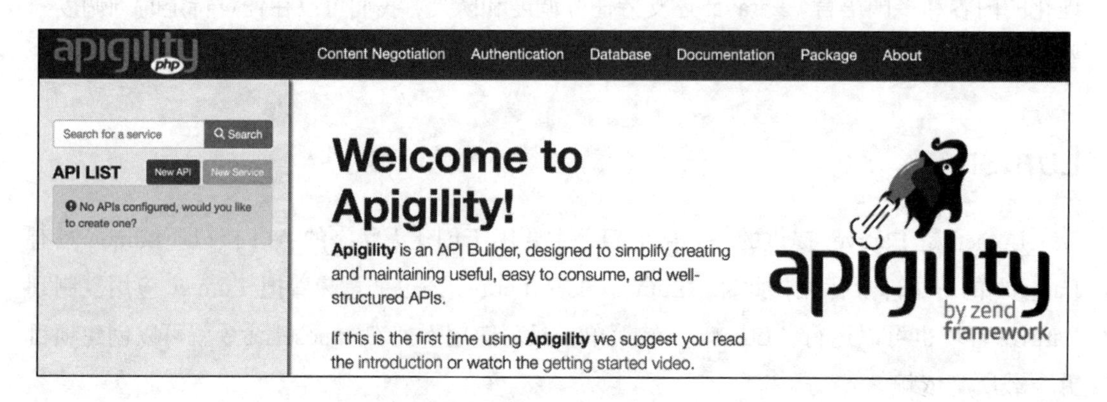

现在，创建第一个 API，命名为 books，它可以返回一系列书。如上图所示，单击 **New API** 按钮会显示一个弹出框，在文本框中输入 books 作为 API 的名称并单击 Create 按钮就可以创建一个新 API。当 API 被创建后，我们会看到如下界面。

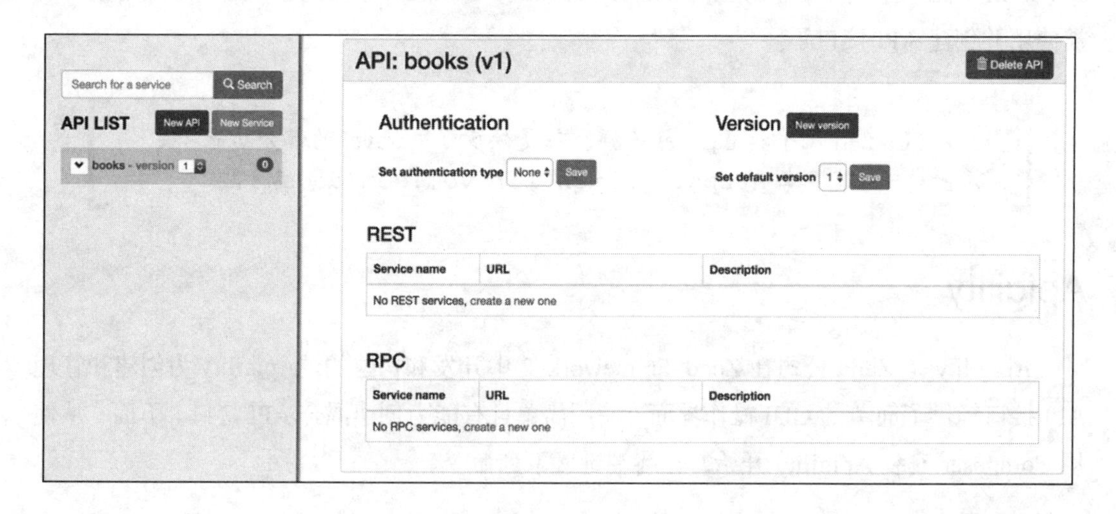

Apigility 提供了简单设置 API 属性的方法，例如版本和身份鉴定方式。现在，单击左边栏的 **New Service** 按钮来创建一个 RPC 服务。此外，我们可以单击 **RPC** 片段中的 **Create a new one** 链接，这样就得到了如下所示的界面。

如上图所示，我们在 `books` API 中创建了名为 `get` 的 RPC 服务，用来调用此 RPC 服务的路由地址是`/books/get`。当我们单击 `Create service` 按钮时，API 创建成功的信息就会被显示出来，界面如下。

如上图所示，该服务允许的 HTTP 方法只有 GET。我们保持默认设置，当然也可以全选或选其他任意项。此外，我们想保持 **Content Negotiation Selector** 设置为 `Json` 的状态，并且服务将接受/接收所有 JSON 格式的内容。当然，我们也可以选择不同的媒体类型和内容类型。

然后，我们应该添加一些所需的字段到服务中。点击 **Fields** 标签可以看到 Fields 页面，单击 **New Field** 按钮可以看到如下图所示的弹出框。

如上图所示，我们可以将 **Name**、**Description**（不论必选与否）以及包括验证失败时提示的错误信息在内的其他设置作为一个字段。当我们设置了 **title** 和 **author** 字段后就可以看到如下所示的界面。

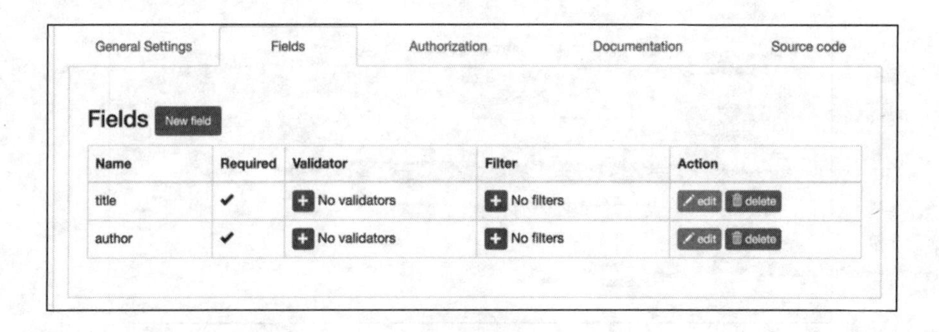

如上图所示，我们也可以为每个字段添加验证器和过滤器。

这只是一个 Apigility 的简单介绍。本书不会涉及所有验证器、过滤器及其他主题。

下一个主题是文档。当点击 **Documentation** 标签时，可以看到如下界面。

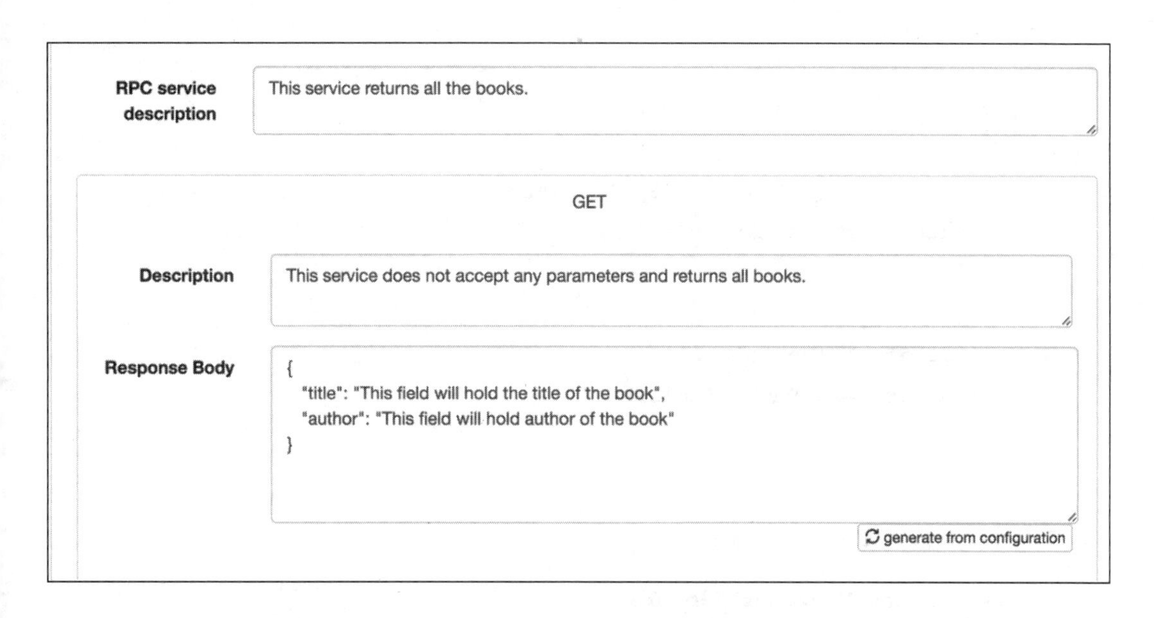

在此，我们将记录服务，添加一些描述，也可以生成以文档化为目的的响应正文。这对于帮助别人更好理解 API 和服务是非常重要的。

我们还需要从某处获取所有书，这可以来自数据库或其他服务，或其他源。然而现在只是使用书的数组进行测试。如果单击 **Source** 标签，我们会发现代码位于 `module/books/src/books/V1/Rpc/Get/GetController.php.` 目录下，Apigility 为 `books` API 创建了一个模块并把这些源码依据不同的版本放在不同的文件夹中，默认 V1。我们也可以为 API 接口添加更多的版本，如 V2，V3。此时若打开 `GetController` 文件，会发现一些代码和一个根据路由 URI 而来的 `getAction` 操作，代码如下，加粗的部分是新增的。

```
namespace books\V1\Rpc\Get;

use Zend\Mvc\Controller\AbstractActionController;
use ZF\ContentNegotiation\ViewModel;

class GetController extends AbstractActionController
{
  public function getAction()
  {
    $books = [ 'success' => [
    [
      'title' => 'PHP 7 High Performance',
      'author' => 'Altaf Hussain'
    ],
    [
      'title' => 'Magento 2',
      'author' => 'Packt Publisher'
    ],
    ]
    ];

    return new ViewModel($books);
  }
}
```

在上面代码中，我们使用了 `ContentNegotiation\ViewModel`，它负责使用我们在服务设定阶段选定的格式来显示数据，本例中是 JSON 格式。然后创建了一个简单的 `$books` 数组，其中包含先前为服务设定的字段名，并且为它们分配了自定义的值。然后使用 `ViewModel` 对象将它们放回，该对象可以将响应数据转换为 JSON 格式。

接下来测试 API。由于服务只接收 `GET` 请求，因此我们在浏览器输入 `books/get` URI 后可以看到 JSON 响应。使用 RestClient 或 Google Chrome 浏览器的 Postman 来检查此 API 最好不过了。此类工具提供了易用的接口来向 API 发起不同类型的请求，使用 Postman 来测试该 API 可以得到如下响应。

Body Cookies Headers (7) Tests

Pretty Raw Preview JSON

```
{
  "success": [
    {
      "title": "PHP 7 High Performance",
      "author": "Altaf Hussain"
    },
    {
      "title": "Magento 2",
      "author": "Packt Publisher"
    }
  ]
}
```

需要注意的是，我们设置了服务只接收 `GET` 请求，所以如果发送了非 `GET` 请求，则会得到内容为 `HTTP Status code 405 methods not allowed` 的错误。

Apigility 非常强大且提供了许多如 RESTFul APIs、HTTP 认证、使用容易创建的 DB 连接器的数据库连接服务、为服务提供一系列表等功能。当使用 Apigility 时，我们无须关心 API、服务结构安全及其他事项，只需关注 API 和服务的业务逻辑即可。

本附录中不可能完全涵盖 Apigility 的全部内容。Apigility 拥有足以填满一本书的特性。其官方文档下载地址是 `https://apigility.org/documentation`。

小结

在本附录中，我们讨论了 MVC 设计模式的基础知识，还探讨了 Laravel 框架及其特性。介绍了基于 Laravel 的微框架 Lumen，最后简单介绍了一下 Apigility，创建了一个测试 API 接口以及 web 服务。

在 IT 领域，技术日新月异。在编程中，我们要不断学习先进工具，探索掌握技术的最佳方法。因此，每个人都不应在读完此书后停止学习，更何况本书并没有覆盖方方面面。至此，你将掌握为高性能应用构建高性能环境的本领。祝你好运，并在 PHP 开发上取得成功。